LA FAUNE MOMIFIÉE

DE

L'ANCIENNE ÉGYPTE

Lyon. — Imprimerie A. REY, 4, rue Gentil. — 33465

LA
FAUNE MOMIFIÉE
DE
L'ANCIENNE ÉGYPTE

PAR

<table>
<tr><td>LE DR LORTET</td><td>M. C. GAILLARD</td></tr>
<tr><td>DOYEN DE LA FACULTÉ DE MÉDECINE DE LYON
CORRESPONDANT DE L'INSTITUT</td><td>CHEF DES TRAVAUX AU MUSÉUM
DE LYON</td></tr>
</table>

*Préface de M. V. LORET, Chargé du Cours d'Égyptologie
à l'Université de Lyon*

DEUXIÈME SÉRIE

LYON

HENRI GEORG, ÉDITEUR
LIBRAIRE DE LA FACULTÉ DE MÉDECINE ET DE LA FACULTÉ DE DROIT
36-38, PASSAGE DE L'HÔTEL-DIEU, 36-38
MAISONS A GENÈVE ET A BALE
1905

DEUXIÈME SÉRIE

OSSEMENTS

DE

FŒTUS HUMAINS

TROUVÉS DANS LES STATUES DU DIEU BÈS

Les statuettes du dieu *Bès* sont extrêmement nombreuses dans toutes les collections renfermant des antiquités égyptiennes; quelques-unes sont en bronze ou en terre, la plupart en émail bleu ou vert; dans le musée du Caire, on en voit seulement deux spécimens de taille plus considérable qui ont été sculptés dans du bois de sycomore ou de mimosa gommier. Mais quelles que soient les dimensions de ces statuettes, le type reste toujours le même. C'est une espèce de *Poussah*, petit, très gros, le ventre projeté en avant, les fesses saillantes, la tête énorme, coiffée d'une sorte de tiare faite de hautes plumes. La figure est grimaçante, joufflue, le nez camard, les oreilles très grandes, le cou court, fondu en quelque sorte avec la poitrine. Les bras sont ordinairement écartés du tronc, formant un arc de cercle, tandis que les mains viennent se placer sur les aines. Les jambes, courtes et grêles, décrivent aussi une courbe prononcée, et sont évidemment celles d'un individu très rachitique.

Ce type singulier ne ressemble en rien à ce qui a été figuré dans le panthéon de la race égyptienne. On l'a comparé avec certaines formes représentatives du dieu *Siwa* dans les Indes. On a dit aussi que ce dieu bizarre et difforme venait d'Arabie. Nous ne pouvons admettre ni l'une ni l'autre de ces suppositions. Les statues de *Siwa* sont en effet tout autrement ornées, et toujours figurées accroupies. La provenance d'Arabie est tout aussi problématique. Jamais les Arabes d'Arabie n'ont figuré un dieu aussi grotesque, à n'importe quelle époque.

Nous trouvons, au contraire, une très grande ressemblance entre le dieu Bès et certains *griots* nègres que l'on rencontre si fréquemment dans toutes les régions de l'Afrique centrale. Ces espèces de sorciers qui, par leurs incantations, peuvent faire venir la pluie pendant les époques de sécheresse, ont pour coiffure des couronnes de plumes, plus ou moins élevées et compliquées. Ils se maculent aussi la figure et quelques parties du corps de larges plaques blanches, ce qui leur donne un aspect tout à fait particulier. Nous ferons remarquer que la couronne de plumes est figurée sur les statues du dieu Bès dont il est question ici, et qu'une de ces statuettes sculptée en bois noir est aussi maculée en certains endroits par une couleur blanche, absolument comme le font encore de nos jours les griots nègres. A Assouan, cette année même, nous avons

vu fréquemment un de ces jongleurs qui ressemblait d'une façon frappante à une image du dieu
Bès, sauf, cependant, qu'il n'était point atteint par le rachitisme aux membres supérieurs ou
inférieurs. Il se barbouillait aussi certaines parties de la figure et du corps avec une couleur
d'un beau blanc, tranchant fortement sur sa peau très noire.

Fig. 83. — Dieu Bès. (Musée du Caire.)

Nous n'avons donc absolument plus de doute, le dieu Bès
ne vient ni de l'Asie, ni de l'Arabie, il est tout simplement la
représentation très exacte des griots que l'on rencontre encore
fréquemment dans les régions du Haut Nil, et qui déjà, dans
l'antiquité, devaient être en rapport avec les anciens Égyptiens.

Au musée du Caire, dans la salle des momies animales, on
peut voir deux statues en bois noir du dieu Bès. L'une, dont je
viens de parler (fig. 83), est inscrite sous le numéro 29.755
(ancien numéro 4) ; elle est haute de 52 centimètres, et large
de 20 centimètres aux épaules. La tête énorme, aux joues pendantes, accolées au thorax, est surmontée d'une couronne de
plumes dont on ne voit plus que la base. Les oreilles sont très
saillantes, la bouche bestiale, la lèvre inférieure grosse,
le nez épaté. Les bras, en demi-flexion, sont attachés aux
épaules par de fortes chevilles. La poitrine, large, porte en haut
deux mamelons très saillants ; le ventre, pendant, retombe sur
le haut des cuisses qui devaient se terminer par des jambes fort
courtes mais dont les parties inférieures manquent. La statue
parait avoir été taillée dans un bloc de bois de sycomore. Ce
bois a été teint en noir, tandis qu'une couleur très blanche a
servi à badigeonner certaines parties de la face et du corps, ce
qui donne à l'ensemble de cette statuette une apparence tout à
fait extraordinaire.

Dans le dos de ce Bès, on a creusé profondément une cavité
quadrangulaire, allongée, renfermant un cylindre en toile goudronnée abritant toute une
série d'ossements. En examinant de près ces os, il nous a été très facile de les reconnaitre
comme ayant appartenu à un fœtus humain. Ils ont été étudiés avec soin par M. le professeur Lacassagne qui a bien voulu les mesurer, et qui nous a donné, à leur sujet, la note suivante :

OS DE FŒTUS HUMAIN, MOMIFIÉS

enfermés dans une statue du dieu Bès.

(Fig. 83).

Fémur gauche : pas d'épiphyse ; longueur 65 mm. 5 ; chez le fœtus à terme, la longueur
est de 70 à 75 millimètres.

Tibia gauche : longueur 58 millimètres. Chez le fœtus à terme la longueur est de 55 à
60 millimètres.

Humérus droit : longueur 56 millimètres .   . } longueur à la naissance
Humérus gauche : longueur 55 mm. 5   .   . (de 65 à 80 millimètres.
Cubitus gauche : longueur 53 millimètres, à la naissance 55 à 60 millimètres.
Radius gauche : longueur 47 millimètres, à la naissance 45 à 50 millimètres.

Deux *omoplates*, deux *os iliaques ;* neuf côtes, droites ou gauches, de différentes grandeurs. Trois fragments de vertèbres.

Divers os de la tête : l'ethmoïde, les deux rochers, des fragments du sphénoïde, les deux arcades orbitaires. Ces débris sont plus ou moins complets.

La mandibule, inférieure sur laquelle il n'existe que deux cloisonnements. Elle appartenait donc à un fœtus qui n'était point à terme.

Les os longs sont grêles, ce sont probablement ceux d'un fœtus du sexe féminin.

Nous avons, d'après la méthode du professeur Corrado de Naples, cherché les rapports métriques entre les différentes parties osseuses du squelette et la taille :

D'après le fémur, la taillle serait de . . . . 339 millimètres
 —   le tibia   —   —   360   —
 —   l'humérus   —   —   343   —
 —   le cubitus —   —   375   —
 —   le radius   —   —   . . . . · . 385   —

Soit une moyenne de 36 cm. 4. C'est à peu près la taille d'un fœtus de six mois et demi à sept mois.

Les conclusions du professeur Lacassagne sont donc, que les os trouvés momifiés dans le dieu Bès sont ceux d'un fœtus humain, probablement du sexe féminin, et ayant six mois et demi à sept mois de vie intra-utérine.

La seconde statue du dieu Bès (fig. 84) qui se trouve au Musée du Caire, dans la salle des momies animales, est taillée dans un bois très dur qui me semble être du bois d'acacia. La couleur est d'un noir foncé, la hauteur est de 55 centimètres, et la plus grande largeur de 12 centimètres. Elle est inscrite sous le numéro provisoire 127, et ne renferme point de momie. La tête tout à fait bestiale, *léonine*, est surmontée d'une couronne fendue en trois parties ; elle se continue et se fond en quelque sorte avec le thorax, sans présenter de traces de cou. Les bras n'existent plus, les chevilles qui les réunissaient au thorax ayant été rompues. Le ventre, très bedonnant, tombe sur le haut des cuisses dont il est séparé par des replis profonds. Les cuisses très courtes sont articulées aux jambes en formant une concavité interne du type *bancale*. Les pieds, très grossièrement figurés, portent sur un socle carré qu'un tenon de bois permettait de fixer sur un autre socle. Cette statuette grossière, mais très originale, a été fendillée profondément dans le sens de sa longueur par suite de l'action de la dessiccation et du temps. Elle a été trouvée, paraît-il, dans une tombe de Sakkarah. Elle ne porte aucune trace de peinture.

Fig. 84. — Dieu Bès.
(Musée du Caire.)

D'après les renseignements qui m'ont été donnés par M. Bénédite, conservateur du musée égyptien de Paris, le Louvre possède deux statuettes de Bès presque semblables à celles du Caire.

La première représente Bès combattant, c'est une statue de 55 centimètres de hauteur, en bois stuqué, primitivement doré. Les yeux rapportés sont en pâte de verre; le diadème de plumes probablement aussi d'une certaine richesse, en bois doré ou en pâte de verre, manque totalement. Les deux bras, rapportés au moyen de tenons, sont brisés à la moitié, et réduits à l'état de tronçons. Les pieds, taillés dans le même bloc de bois, portent sur un petit socle ou semelle au-dessous de laquelle on a ménagé ou réservé une sorte de rondelle de 10 centimètres de diamètre qui devait s'enfoncer comme un bouchon dans un socle ou base quelconque. Dans le dos de la statue, est creusée une cavité qui règne depuis le sommet de la tête jusqu'au bassin. La longueur de cette loge est de 28 centimètres, la largeur de 5 à 6, la profondeur de 55 à 57 millimètres. Elle renfermait une momie aujourd'hui détruite, mais dont les débris recueillis dans une feuille de papier étaient déposés dans la cavité. Ce petit monument porte le numéro d'entrée: E. 5723, et provient de la collection Rousset-bey acquise en 1868. Il est inscrit actuellement sous un autre numéro qui est 1943.

La momie que la statuette renfermait, longue de 40 centimètres environ, a été brisée en deux parties inégales, au niveau de l'articulation coxo-fémorale. L'une, la plus petite, renferme les membres inférieurs; l'autre contient la tête, le tronc et les membres supérieurs d'un fœtus à terme.

Le corps est entouré d'une forte épaisseur (2 à 3 centimètres) d'étoffes imbibées de substances aromatiques et stérilisantes. Ces linges, excessivement altérés, fusés par suite de l'action du temps, de couleur brun-noirâtre, tombent en poussière sous le moindre attouchement; mais ils sont protégés par une large bande de toile jaunâtre, très fine, et bien plus résistante, entourant plusieurs fois le corps du fœtus.

Afin de ne pas détériorer davantage cette intéressante momie, les ossements n'ont pas été retirés de l'enveloppe commune. Nous avons examiné seulement quelques pièces détachées du crâne et de la face, notamment l'os frontal, le rocher du côté droit, la base de l'occipital, quelques côtes, ainsi que la mandibule droite, présentant quatre cloisonnements avec deux germes dentaires.

Nous avons comparé ces os avec ceux de plusieurs fœtus à terme, et nous avons reconnu qu'ils ont à peu près le même degré de développement. Les ossements de la momie sont cependant un peu plus volumineux que ceux des fœtus à terme du Muséum de Lyon. On peut donc admettre qu'ils proviennent, non d'un fœtus à terme mort-né, mais plutôt d'un sujet ayant survécu au moins quelques jours après sa naissance, sous toutes réserves, cependant, car nous ne savons point si l'ossification du fœtus égyptien se fait absolument suivant les mêmes règles qui président à celle du fœtus européen.

Le second monument, que nous a signalé M. Bénédite, est une petite statue de Bès osirisifié, c'est-à-dire mumiforme, et d'une hauteur de 44 centimètres. Elle consiste, en réalité, en un sarcophage anthropoïde à tête de Bès, formé d'un couvercle et d'une boite assemblés par des chevilles. De plus, un tenon ménagé à la base de ces deux parties venait s'engager dans un socle de manière à faire garder au monument la station debout. Au sommet du crâne, sur le couvercle, se voit une mortaise destinée à recevoir le tenon par lequel était assujetti l'emblème à plumes servant de coiffure au dieu, et qui manque.

A l'intérieur de ce petit sarcophage, est une momie en très mauvais état. La moitié supérieure est encore assez résistante, mais le reste tombe en poussière dès qu'on y touche. Cette seconde statuette est inscrite sur l'inventaire sous le numéro 4205, et une ancienne étiquette apprend qu'elle provient de la collection Clot-bey, acquise en 1852. Aujourd'hui, elle porte aussi le numéro 1940.

Cette statue renferme, mêlés à de menus fragments de bois et à une petite quantité de matière terreuse grisâtre, les ossements humains suivants :

Fémur droit : pas d'épiphyse ; longueur 60 millimètres.

Humérus gauche : la moitié distale seulement.

Omoplate gauche, deux os *iliaques* et des fragments de *côtes.*

Divers os de la tête : un *rocher* et des parties du *sphénoïde.*

Le fémur indique que nous sommes encore en présence d'un fœtus qui n'était pas à terme. Lorsque nous le comparons au fémur trouvé dans la statue de Bès du musée du Caire, nous voyons que sa longueur est un peu plus faible, bien que ses extrémités soient, au contraire, plus volumineuses. Ce fémur, épais et court, provient donc probablement d'un fœtus du sexe masculin, de six mois à six mois et demi.

Ce dieu Bès parait être encore une énigme pour les égyptologues. Champollion, le premier, crut reconnaître que cette divinité aux formes grimaçantes, que l'on prenait jadis pour l'ennemi d'Osiris, et dont l'image est placée sur la plupart des *mammisis* [1], chambres d'accouchement, était bien le dieu Bès, importé en Egypte du pays des aromates, et qu'il présidait à la toilette des femmes. On en a retrouvé, en effet, de nombreuses statuettes mêlées aux objets servant exclusivement aux dames. Peut-être, était-il aussi le dieu qui devait présider au travail de l'enfantement. Les ossements de fœtus humains que nous avons trouvés dans les statues de cette divinité pourraient bien confirmer cette supposition. On ne peut donner d'autre explication de cette singulière coutume, dit M. Bénédite, de cet *habillage* de fœtus en dieu Bès, que celle qui ressort du caractère gynécologique de ce dieu. Nous savons qu'il figure dans les scènes de l'accouchement d'Isis, et que les égyptologues sont unanimes à penser, que c'était en qualité de dieu de la gaieté et des heureux présages. Le Bès harpiste, représentée dans plusieurs *mammisis*, est le dieu qui célèbre la joie de la naissance, après avoir fait diversion à la douleur de la mère dans le court moment de l'accouchement. Voilà ce que nous savons, mais de là, à confier à la protection de Bès, ou si l'on peut dire à *Besifier* les fœtus humains, il y a loin. La diversité des caractères de ce Dieu bizarre s'accroit d'un élément nouveau. (Bénédite *in litt.*, 6 juillet 1905.)

---

[1] On appelle *mammisis*, de petits édifices dans lesquels la naissance des rois servait de thèmes à des tableaux mythologiques.

MAMMIFÈRES

SINGES

Les momies de singes sont relativement rares, car, malheureusement, beaucoup de celles qui ont été trouvées ont été dispersées ou détruites. Il faudrait, pour en récolter, faire des fouilles coûteuses dans certaines localités, à Hermopolis, par exemple, où ces animaux étaient vénérés et élevés spécialement. Celles qui ont été recueillies et conservées sont presque toujours des momies de Cynocéphales ou d'une espèce minuscule de Cercopithèque, qui habite encore aujourd'hui la Nubie et le Soudan.

Nous n'avons donc reçu de M. Maspero, directeur général du service des antiquités de l'Egypte, qu'un très petit nombre de documents relatifs à ce groupe d'animaux. Ils comprennent : un crâne de cynocéphale hamadryas et deux momies de faibles dimensions. Les petites momies ont été trouvées dans des sarcophages en bois sculptés, en forme de cynocéphales.

Le crâne de cynocéphale provient, d'après les indications de M. V. Loret, du tombeau de Thôtmès III. Il porte le n° 32.251 de l'ancien catalogue du musée de Gizèh. A son arrivée au Muséum de Lyon, ce crâne était recouvert en partie par la peau et les muscles, complètement momifiés et tachés de bitume. Après l'avoir débarrassé des parties molles, on a pu le déterminer spécifiquement et le rattacher au *Papio hamadryas*, Linné.

Il n'en est pas de même des deux petites momies renfermées dans les statues-sarcophages, en forme de singes, taillées dans des blocs de bois. Ces momies ont été radiographiées comme celles du British Museum, décrites par MM. Anderson et de Winton[1]. Celles-ci, au nombre de trois, appartiennent : les deux premières, à *Papio hamadryas*, la troisième probablement à un spécimen du genre *Cercopithecus*, mais l'animal est trop jeune pour qu'il soit possible de déterminer l'espèce.

Les momies reçues à Lyon sont celles d'individus beaucoup plus jeunes encore. La radiographie ne montre aucune trace de la dentition ; les épiphyses des membres ne sont pas ossifiées, et diverses parties du corps paraissent avoir été reconstituées artificiellement ou déformées. La détermination zoologique précise de ces restes momifiés est donc impossible.

[1] Anderson et de Winton, *Zoology of Egypt: Mammalia*, radiographies n°s 1 à 3, p. 4, London, 1902.

Aussi, ne les rattachons-nous au genre Cercopithèque, d'après certaines particularités de la tête et des mains, que sous les plus expresses réserves. Vues superficiellement, ces petites momies font penser, soit à de très jeunes singes, soit à des fœtus humains, bizarrement contrefaits.

Après l'examen de la tête de babouin envoyée à Lyon par le Musée égyptologique du Caire, nous étudierons la belle série de crânes et squelettes de cynocéphales que l'un de nous a eu la bonne fortune de récolter à Thèbes, dans la vallée des singes *(Gabanet-el-Giroud)*, en février 1905. Cette série se compose de dix-sept crânes et d'une grande quantité d'ossements appartenant aux espèces *Papio hamadryas* et *P. Anubis*.

PAPIO HAMADRYAS, Linné.

(Musée du Caire, n° 32.251).

Simia hamadryas, Linné, *Syst. nat.*, I, p. 35 (1766).
Papio hamadryas, Geoffroy, *Annales du Muséum*, XIX, p. 103 (1812). — Matschie, *Sitzungb. Gesell. natur. Fr. Berlin*, p. 25 (1893). — J. Anderson et de Winton, *Zoology of Egypt : Mammalia*, p. 28, pl. 1 à III (1902).
Cynocephalus hamadryas, Rüpp, *Neue Wirbelth*, p. 7 (1835-40).

Dans leur magnifique ouvrage sur la faune d'Egypte, *Zoology of Egypt (Mammalia)*, MM. Anderson et de Winton ont représenté, à la planche III, deux crânes de *Papio hamadryas*, le premier provenant d'une momie et le second, conservé au musée de Frankfort, faisant partie des collections de la Société Senkenbergienne, et rapportées par le célèbre voyageur Rüppel. En examinant ces photographies, ainsi que les pièces déposées entre nos mains au Muséum de Lyon, il est facile de se convaincre que l'espèce momifiée par les anciens Egyptiens est bien certainement la même que celle appelée *Papio hamadryas* par les zoologistes, et qui vit encore actuellement en grandes troupes, en Abyssinie et dans la Nubie méridionale. Ce singe est admirablement représenté par Anderson, dans le *Zoology of Egypt*, à la planche I. Il est d'une forte taille et recouvert d'une robe tout à fait caractéristique, présentant, chez le mâle, deux favoris très développés, formant deux houppes, implantées en demi-cercle, recouvrant entièrement les oreilles, tandis que les épaules et les parties antérieures du corps sont protégées par un camail de poils très longs, touffus et très élégamment disposés. Chaque poil est annelé d'une zone, alternativement colorée en gris verdâtre et en jaune[1]. Les côtés de la tête, ainsi que les jambes, sont toujours d'une couleur plus claire, très souvent d'un gris cendré. Les fesses, dépourvues de poils, sont d'un rouge vif, ce qui nécessite le port d'une culotte chez les individus apprivoisés qui sont fréquemment amenés au Caire par les bateleurs arabes. La partie dénudée de la joue présente une couleur de peau sale. La robe des femelles est beaucoup plus courte, plus foncée, teintée en gris verdâtre. Ce sont surtout les femelles qui s'apprivoisent facilement, qu'on montre en Egypte. Les mâles, en général, sont presque toujours d'un caractère méchant et indomptable. Les vieux mâles ont toujours un camail très touffu, dont les poils ont près de 30 centimètres de longueur.

Le *Papio hamadryas* habite en troupes nombreuses, non les forêts, comme la plupart des singes, mais, au contraire, les rochers élevés et escarpés, qui forment les parois des vallons

---

[1] Brehm, *Vie des Animaux, les Mammifères*, p. 80 et suivantes. Cette description de Brehm est très intéressante, car ce voyageur zoologiste a vu un grand nombre de Cynocéphales vivants en Nubie et en Abyssinie.

de l'Abyssinie et de la Nubie du Sud. Pendant la matinée, avant d'aller marauder dans les cultures pour chercher leur nourriture, ils ont l'habitude de s'asseoir au soleil levant, dans la posture hiératique qui a été représentée sur les monuments de l'ancienne Egypte.

Les Arabes des côtes de la mer Rouge, où on le rencontre aussi fréquemment, l'appellent *Rohàb*, tandis que les Egyptiens le nomment *el Gird*. Les Abyssiniens l'ont baptisé *Netcho* et les nomades des déserts *Zindsèro* ou *Djogura*.

Le Cynocéphale était consacré à Thot, le dieu des belles-lettres ; il était aussi le scribe des dieux. Les Grecs l'ont nommé Hermes, et c'est dans la ville d'Hermopolis, près de Rodà, qui lui était consacrée, qu'il serait possible d'en trouver de nombreuses momies dans un vaste cimetière percé de galeries souterraines. Sur les monuments de l'ancienne Egypte, il est presque toujours représenté, à moitié accroupi, les jambes écartées, et regardant au loin le soleil levant. C'est dans cette position qu'il figure sur la frise supérieure de l'admirable temple d'Abou Simbel, en Nubie. Ces singes, sculptés en haut relief, dans le grès doré qui forme la roche, paraissent avoir été au nombre de vingt-deux environ. Aujourd'hui, à droite en regardant le temple, quelques-uns ont été détruits par les éboulements. Leur taille parait peu considérable à cause de leur grande élévation au-dessus des

Fig. 85. — Piédestal de l'Obélisque de la Concorde, laissé à Louxor.

colosses de l'entrée et, cependant, ils doivent être hauts de près de 2^m,50. Ils sont assis les cuisses relevées, les mains appuyées sur les genoux, le pénis en avant reposant sur le sol, regardant, à l'Orient, le soleil qui se lève de l'autre côté du Nil [1].

Le même animal est aussi sculpté, debout en ronde bosse, sur le gracieux piédestal de l'obélisque de la place de la Concorde, que l'architecte Lebas, chargé du transport du monument à Paris, a eu la malencontreuse idée de laisser en place à Louxor (fig. 85), et de remplacer ce charmant petit édicule par un socle lourd, sur lequel il a eu la sottise de représenter par des graphics dorés, creusés dans le granite, ses hauts faits, consistant en la démolition, au transport, et à l'érection de l'obélisque sur la place qu'il occupe dans notre capitale. Ce piédestal est un véritable anachronisme de fort mauvais goût. On ne peut que protester, aujourd'hui, contre la mutilation de ce superbe monument, par un homme qui ne manquait cependant point de talent, mais qui s'est donné le ridicule de se glorifier d'un travail que les anciens Egyptiens savaient accomplir fort simplement, avec une rapidité et une précision extraordinaires. Ainsi, l'architecte de la reine Hatasou fit tailler à Syène, dans une pierre très dure, le granite rose, polir, graver d'une légende, transporter à Karnak près de Louxor, et dresser en arrière de la salle hypostyle, le tout en moins de sept mois, le magnifique obélisque encore debout aujourd'hui, et qui mesure 33 mètres de hauteur, c'est-à-dire 10 mètres de plus que celui de la place de la Concorde.

Les faces nord et sud, du gracieux piédestal primitif laissé à Louxor, ont une hauteur de 1^m,62 et sont ornées chacune de quatre superbes cynocéphales, taillés en haut-relief, figurés

[1] Voyez la photographie insérée dans le titre.

debouts, dans l'attitude de l'adoration du soleil levant. Entre chaque singe, est gravé le cartouche

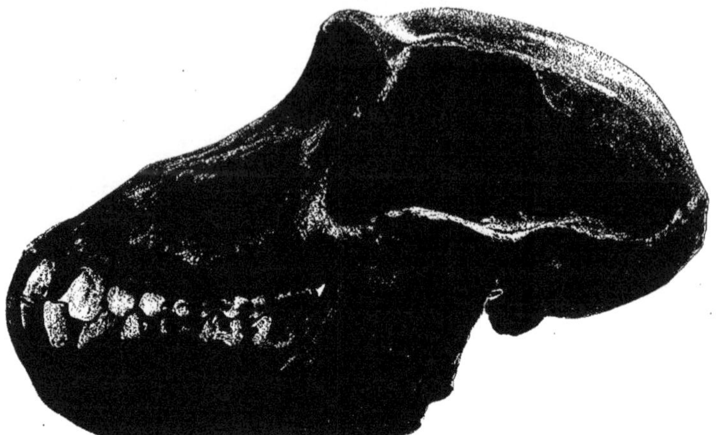

Fig. 86. — *Papio hamadryas*. — TOMBEAU DE THOTMÈS III. Gr. nat. (32251).

royal de Ramsès II de la dix-neuvième dynastie. Ces sculptures représentent des mâles du

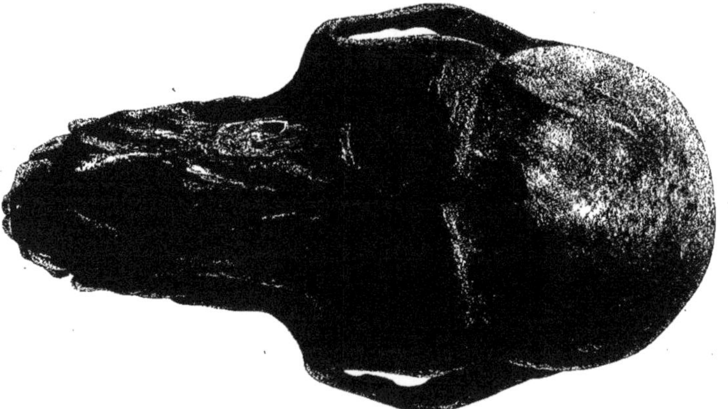

Fig. 87. — *Papo hamadryas*. — TOMBEAU DE THOTMÈS III. Gr. nat. (32251).

Papio Hamadryas d'Abyssinie. Les côtés est et ouest du piédestal étaient décorés des deux

Nils taillés en bas-relief. La matière de cette base de l'obélisque est en granite rose ; ce piédestal faisait partie du don que le vice-roi Mehemet-Ali avait fait au roi Louis-Philippe, mais laissé absurdement à Louxor. Une des faces a été sciée et transportée au musée du Louvre qui possède aussi le moulage de l'autre face.

Une autre et très intéressante illustration, relative au *Papio Hamadryas*, peut être vue à l'intérieur du temple de Medinet Abou, à Thèbes, dans la cour de Ramsès III, de la vingtième dynastie. Elle consiste en une longue frise, au milieu de laquelle une barque est représentée portant neuf figures humaines, une au milieu, et de chaque côté quatre sont debout regardant la figure centrale. A chaque extrémité de la nacelle, se trouve un cartouche de Ramsès accompagné d'une figure humaine à genoux, derrière laquelle se tiennent quatre cynocéphales dressés, appuyés sur leurs membres antérieurs, et portant sur leurs épaules leur pèlerine formée de très longs poils. Le livre des morts renferme aussi beaucoup de dessins de cynocéphales sacrés en adoration devant le soleil levant. Dans d'autres cas, ils figurent Thot veillant sur les balances de la justice dans lesquelles les bonnes et les mauvaises actions sont pesées après la mort.

Le cynocéphale s'appelle *Hapi* lorsqu'il représente le génie funéraire chargé de veiller à la conservation des intestins qui, généralement, sont placés dans un des quatre vases dits *canopes* qui renferment l'estomac, les intestins, les poumons et le foie du décédé. Le vase canope contenant les entrailles est toujours surmonté de la tête d'un cynocéphale qui alors prend le nom de Hapi.

Les cynocéphales, ainsi que les autres momies de singes, étaient la plupart du temps abrités dans de grandes cavités creusées dans le dos de grands cynocéphales assis, sculptés en pierre, en marbre ou en granite, semblables à ceux dont on peut voir plusieurs exemplaires au musée du Caire.

La tête de cynocéphale momifié figurée ici a les canines supérieures et inférieures fortement limées (fig. 86 et 87); elle doit donc provenir d'un animal tenu en captivité dont on avait émoussé les crocs afin de les rendre moins redoutables.

Ci-dessous nous indiquons les principales dimensions de ce crâne, comparativement avec quelques-unes de celles relevées par Anderson et de Winton, sur plusieurs têtes osseuses d'individus modernes, appartenant aux diverses formes de cynocéphales qui vivent dans la vallée du Nil ou les régions avoisinantes.

	P. hamadryas		*P. anubis*		*P. cynocephalus*	*P. pruinosus*
	momifié	moderne	moderne	moderne	moderne	moderne
	Tombeau Thotmès III femelle	Somali mâle	Abyssinie femelle	Lac Nyanza mâle	Zomba mâle	Lac Nyassa mâle
Longueur de la tête, du bord antérieur des prémax. à l'extrémité postérieure de l'occipital.	158	208	170	211	204	180
Longueur du bord antérieur du trou occipital à l'extrémité des prémaxillaires.	108	154	118	»	140	131
Longueur de la face, du bord supérieur des orbites à l'extrémité des prémax.. . . .	87	120	109	140	132	119
Longueur du crâne, du bord orbitaire à la protubérance occipitale.	104	115	104	113	110	109
Diamètre bizygomatique maximum	98	126	103	125	118	102
Diamètre transverse du museau, au niveau de la première prémolaire	43	51	41	53	50	47
Longueur du bord ant. du trou occipital, au bord post. de la voûte palatine	44	49	44	»	49	47

| | P. hamadryas | | P. anubis | | P. cyno-cephalus | P. pruinosus |
| | momifié | moderne | moderne | moderne | moderne | moderne |
	Tombeau Thotmès III femelle	Somali mâle	Abyssinie femelle	Lac Nyanza mâle	Zomba mâle	Lac Nyassa mâle
Longueur de la voûte palatine	61	100	79	103	97	86
Largeur max. de la voûte palatine.	26	31	26	32	33	29
Longueur totale de la mâchoire inférieure . .	115	150	119	158	146	134
— des prémolaires supérieures . . .	14	»	»	»	»	»
— des molaires supérieures	33	37	36	37	34	34
— des prémolaires inférieures. . . .	17	»	»	»	»	»
— des molaires inférieures.	37	39	»	39	»	38

Lorsque nous comparons entre eux les chiffres qui précèdent, nous voyons que le crâne de cynocéphale du tombeau de Thotmès III ne peut être attribué ni à *Papio anubis*, F. Cuvier, ni à *Papio cynocephalus*, E. Geoffroy. Chez ces deux espèces la tête osseuse est bien plus grande et présente une conformation assez différente. La région faciale, mesurée de l'extrémité antérieure des prémaxillaires au sommet des arcades orbitaires, est en effet beaucoup plus allongée que la région céphalique, alors qu'on trouve une proportion inverse pour le crâne de cynocéphale momifié.

Le développement relatif de la face et du crâne varie beaucoup d'un sexe à l'autre. Chez les individus mâles, la partie faciale de la tête est toujours bien plus longue proportionnellement que chez les femelles. Ces différences sont très accusées chez *Papio anubis*. La tête d'un individu mâle des bords du lac Nyanza (Anderson et Winton, p. 40, crâne n° 9) mesure 140 millimètres pour la face avec 113 millimètres pour la capsule cranienne, alors que, chez une femelle de même espèce (crâne n° 8), on trouve une longueur de 104 millimètres pour le crâne proprement dit et 109 millimètres seulement pour la longueur de la face.

Ces variations sexuelles sont moins accentuées chez *Papio cynocephalus*, E. Geoffroy, et *P. pruinosus*, Thomas. Cependant ici encore la face est notablement plus développée que la capsule cranienne. Un seul exemplaire fait exception. C'est le crâne (Anderson et Winton, page 74, crâne n° 10) d'une jeune femelle de *P. cynocephalus* de Mombasa dont la seconde dentition n'est pas entièrement sortie. Il n'a donc pas encore atteint toute sa croissance.

La tête osseuse de *P. pruinosus* se distingue par la forme particulière de la région orbitaire et surtout par la forte inflexion du crâne sur la face.

Si nous examinons maintenant le même rapport de la face et du crâne chez *Papio hamadryas,* nous constatons que, pour deux crânes d'individus mâles provenant de la région des Somalis et du pays des Bogos, la région faciale (120 millim.) n'est pas plus développée comparativement à la capsule cranienne (115 millim.), que chez la femelle de *Papio anubis*.

Comme nous l'avons dit déjà, la tête momifiée de *Papio hamadryas* (fig. 86 et 87) offre une proportion inverse : la longueur de la face (0,087 millim.) est plus faible que celle du crâne (0.104 millim.). Cette grande réduction de la face prouve que la tête appartient certainement à une femelle; nous trouvons, en effet, les mêmes proportions relatives de la face et du crâne chez une femelle de *Papio hamadryas* de l'Abyssinie qui, ayant vécu au jardin zoologique de la Tête-d'Or, a pu être identifiée d'une manière certaine. Le squelette de ce spécimen est conservé au Muséum de Lyon.

Quant à la dentition de *Papio hamadryas*, nous nous bornerons à remarquer que le talon

de la troisième molaire inférieure, est assez fort. Son tubercule principal est situé environ
dans le même plan que les tubercules externes des deux premiers lobes, au lieu que chez
P. anubis, *P. pruinosus* et surtout *P. cynocephalus*, le tubercule du talon est plus rapproché
de l'axe médian.

Un crâne de cynocéphale momifié, figuré par Anderson et Winton *(loc. cit.,* pl. III,
fig. 1), offre la même forme et les mêmes proportions que celui trouvé dans le tombeau
de Thotmès III. Il appartient donc aussi très probablement à une femelle de *P. hama-*
dryas. Nous avons dit que les canines du cynocéphale de Thotmès III, avaient été usées
pour rendre moins dangereuses les morsures de l'animal. Il est intéressant de constater
que la même précaution, mais bien plus radicale encore, a été prise à l'égard du cynocéphale
dont la tête osseuse est représentée par Anderson et Winton. Sur la figure photographique
donnée par ces naturalistes on n'aperçoit, en effet, aucune trace des quatre canines, elles ont
été non pas seulement émoussées, mais arrachées purement et simplement. Cette opération
a dû se faire longtemps avant la mort de l'animal, si l'on en juge d'après l'obturation
partielle des alvéoles. On ne connait pas l'origine précise de ce crâne : peut-être provient-il,
comme celui du musée du Caire, du tombeau de quelque grand personnage.

De ce qui précède, on peut conclure que les Egyptiens choisissaient en général, pour la
distraction de leurs rois, des singes de petite taille, des femelles notamment, plus dociles,
moins fortes, et par conséquent moins redoutables que les mâles. Pour plus de sécurité, ces
animaux étaient, en outre, rendus presque inoffensifs, par l'usure ou l'ablation totale de leurs
canines.

PAPIO HAMADRYAS, Linné

(Muséum de Lyon, nᵒˢ 1, 2, 3, 5, 7 et 12)

Les ossements de singes recueillis par l'un de nous à Thèbes, en 1905, dans la nécropole
de Thot, appartiennent exclusivement à des cynocéphales.

On sait que les cynocéphales, ou singes à tête de chien, sont les *Papions* ou *Babouins*,
de plusieurs auteurs. Les diverses espèces de babouins sont réunies actuellement sous le nom
générique de *Papio*.

Ce nom de genre a été proposé par Erxleben [1] qui répartissait les singes de l'ancien
monde, connus à son époque, en trois genres : *Simia*, les singes sans queue ; *Cercopithecus*, les
singes à longue queue, et *Papio*, les singes à courte queue. Dans le genre *Papio*, Erxleben
faisait entrer plusieurs formes assez différentes : *P. sphynx* (un babouin), *P. Maimon* et
mormon (le mandrill), *P. nemestrinus* (le singe à queue de cochon).

Bien que ces singes paraissent constituer un groupe naturel, comme l'a montré Matschie [2],
ils sont classés maintenant dans des genres distincts. Le nom de Papio est employé avec un
sens beaucoup plus restreint ; il ne s'applique plus à la fois aux cynocéphales, macaques et
magots, mais seulement aux singes à museau allongé qui vivent dans presque toute l'Afrique
et, en Arabie, dans le territoire du Yémen.

[1] Erxleben, *Systema Regni animalis*, Leipzig, 1777, p. 15.
[2] Matschie, *Abhandlung. Senckenb. Naturf. Gesell.*, Frankfurt-a M., 25ᵉ vol., 1901, p. 231.

Quelques naturalistes ont rendu la nomenclature de ces animaux assez confuse par suite de l'usage qu'ils ont fait des noms généraux de « cynocéphales » et « babouins », pour désigner spécifiquement certaines formes de ce groupe. Ainsi le *Cynocéphale anubis* de F. Cuvier est le « babouin » proprement dit de Rüppel[1], tandis que le « babouin » de F. Cuvier[2] est le Papion jaune ou le *Simia cynocephalus*, de Linné.

Ces dénominations fautives tendent à faire croire qu'il n'existe qu'un seul babouin ou

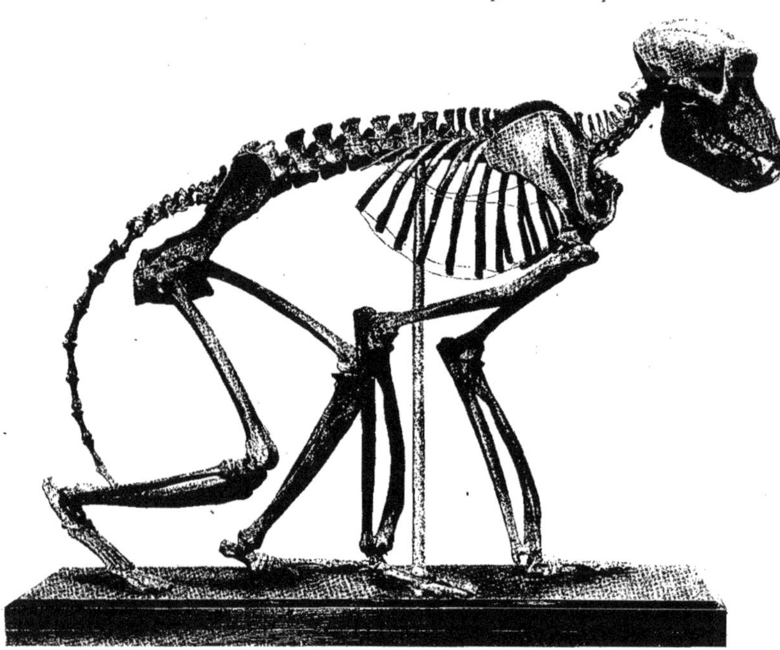

Fig. 83. — *Papio hamadryas.* Vallée des singes, à Thèbes. (1/4 gr. nat.).

un seul cynocéphale, alors qu'en réalité on connaît, en Afrique, une dizaine d'espèces de ce genre.

Les restes osseux trouvés à Thèbes, dans la nécropole de Thot, se rapportent à deux espèces de cynocéphales : *Papio hamadryas*, Linné, et *Papio anubis*, F. Cuvier. Ces ossements se composent de dix-sept crânes et d'une grande quantité d'os séparés qui ont permis la reconstitution de quatre squelettes.

[1] Rüppel, *Neue Wirbel. Säug.*, 1835, p. 7.
[2] F. Cuvier, *Histoire nat. des mammif.*, liv. IV, 1819.

De ces dix-sept crânes, cinq proviennent de très jeunes individus ou sont incomplets, douze sont en bon état de conservation. Les premiers ne peuvent être identifiés avec certitude ; les seconds appartiennent : six à *Papio anubis ;* six à *Papio hamadryas.*

Ceux-ci, dont nous allons faire la description sommaire et indiquer les principales dimensions, comprennent quatre crânes de femelles (n°s 1, 2, 3 et 5) et deux de mâles (n°s 7 et 12).

La tête osseuse n° 1 fait partie du squelette complet d'une femelle; nous donnerons, outre les mesures du crâne, la longueur des rayons des membres. Quant aux autres squelettes qui ont été reconstitués avec des ·ossements de plusieurs individus, nous nous occuperons principalement de leurs têtes osseuses. Enfin, un cinquième squelette incomplet, dont les déformations des membres ont été examinées par M. le professeur Poncet, de la Société de médecine de Lyon, fera l'objet d'une description spéciale.

SQUELETTE n° 1. — Femelle adulte (fig. 88).

Ce spécimen est en parfait état de conservation La tête ne présente pas la moindre fracture, sa dentition est presque complète, il manque seulement deux incisives et les deux canines supérieures.

A la surface du squelette, d'une couleur générale jaune clair, on ne voit aucune trace de matières bitumineuses. Les os, lourds et assez résistants, paraissent avoir gardé la plus grande partie de leurs substances organiques.

' Les dimensions de la tête osseuse sont les suivantes :

Longueur totale de la tête, du bord antérieur des prémaxillaires à l'extrémité postérieure de l'occipital . . . .   170^{mm}
Longueur basale, du bord antérieur du trou occipital à l'extrémité des pré-
maxillaires . . . .   120^{mm}
Longueur de la face, du milieu de l'arcade sourcilière à l'extrémité des
prémaxillaires . . . .   92^{mm}
Longueur de la capsule céphalique, du milieu de l'arcade sourcilière à la
protubérance occipitale . . . .   107^{mm}
Diamètre bizygomatique maximum . . . .   107^{mm}
Longueur totale des arrière-molaires supérieures . . . .   33^{mm}
Longueur totale des arrière-molaires inférieures . . . .   36^{mm}

Le squelette est tout à fait semblable à un exemplaire moderne, de même espèce et de même sexe, provenant de l'Abyssinie et conservé au Muséum de Lyon. Il a une longueur de 43 centimètres, de l'extrémité postérieure des ischions au bord antérieur de la première apophyse épineuse dorsale. L'humérus (191 millimètres de longueur) et le radius (190 millimètres) ont à peu près les mêmes dimensions, mesurées d'une articulation à l'autre. Quant aux rayons des membres postérieurs, leurs proportions sont assez différentes ; le tibia (177 millimètres) est notablement plus court que le fémur (196 millimètres). La colonne vertébrale se compose de douze vertèbres dorsales, sept lombaires et trois sacrées. Ce nombre de trois vertèbres est presque invariable dans le sacrum des cynocéphales. Sur trente sacrums isolés provenant de la nécropole Thot, un seul fait exception avec quatre vertèbres complètement soudées les unes aux autres, aussi bien par les apophyses transverses que par les apophyses épineuses.

Entre les diverses parties du squelette n° 1 et les nombreux ossements de cynocéphales recueillis dans la vallée des singes, on note d'assez grandes variations de longueur et de forme. Ce sont en général des variations individuelles et sexuelles. L'humérus notamment est fort variable dans sa partie proximale. La tête est plus ou moins recourbée en arrière sur la diaphyse ; l'apophyse deltoïdienne et la coulisse bicipitale sont très inégalement profonde ou allongée.

CRANE n° 2. — Femelle incomplètement adulte. La seconde dentition est sortie, mais les sutures craniennes ne sont pas toutes synostosées.

Longueur totale de la tête, des prémaxillaires à l'extrémité postérieure de l'occipital . . . . 158^{mm}

Du bord antérieur du trou occipital à l'extrémité des prémaxillaires . . 108^{mm}

Longueur de la face, des prémaxillaires à l'arcade sourcilière . . . . 82^{mm}

Longueur de la capsule céphalique, de l'arcade sourcilière à la protubérance occipitale . . . . 106^{mm}

Diamètre bizygomatique maximum. . . . . 96^{mm}

Longueur totale des arrière-molaires supérieures. . . . . 33^{mm}

Longueur totale des arrière-molaires inférieures . . . . 36^{mm}

Cette tête offre un cas de dyssymétrie peu commune. La mâchoire supérieure ne possède que trois incisives au lieu de quatre; deux à droite, une seule à gauche. Les alvéoles des deux incisives médianes sont bien développées, mais l'alvéole de la seconde incisive existe à droite seulement. Aussi, la symphyse des prémaxillaires est-elle déjetée fortement sur la gauche, en dehors du plan de symétrie.

CRANE n° 3. — Femelle adulte (fig. 89).

Longueur totale de la tête, des prémaxillaires à la protubérance occipitale 169^{mm}

Du bord antérieur du trou occipital à l'extrémité des prémaxillaires . . 119^{mm}

Longueur de la face, des prémaxillaires à l'arcade sourcilière . . . . 95^{mm}

Longueur de la capsule céphalique, de l'arcade sourcilière à la protubérance occipitale . . . . 103^{mm}

Diamètre bizygomatique maximum. . . . . 101^{mm}

Longueur totale des arrière-molaires supérieures. . . . . 34^{mm}

Longueur totale des arrière-molaires inférieures . . . . 37^{mm}

Les incisives et canines supérieures sont brisées, ainsi que la branche horizontale gauche de la mâchoire inférieure.

CRANE n° 5. — Femelle adulte.

Longueur totale de la tête, des prémaxillaires à la protubérance occipitale 171^{mm}

Du bord antérieur du trou occipital à l'extrémité des prémaxillaires . . 118^{mm}

Longueur de la face, des prémaxillaires à l'arcade sourcilière . . . . 99^{mm}

Longueur de la capsule céphalique, de l'arcade sourcilière à la protubérance occipitale . . . . 108^{mm}

Diamètre bizygomatique maximum. . . . . 104^{mm}

Longueur totale des arrière-molaires supérieures . . . . 34^{mm}

Longueur totale des arrière-molaires inférieures . . . . 37^{mm}

Ce spécimen est en mauvais état. La mâchoire inférieure a été brisée, de même que le prémaxillaire et une partie du maxillaire gauche.

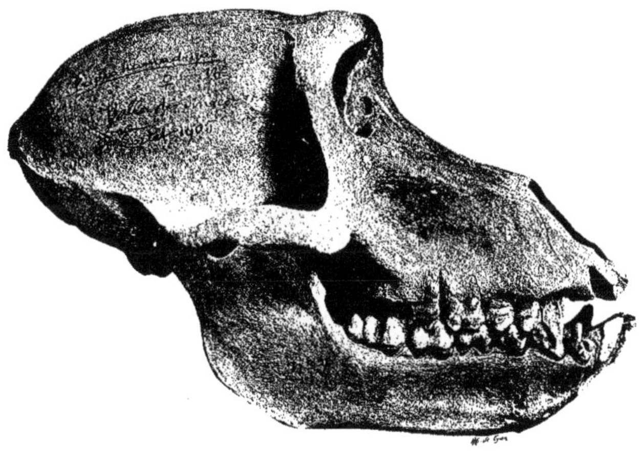

Fig. 89. — *Papio hamadryas.* VALLÉE DES SINGES, THÈBES. (Réduit de 1/6.)

CRANE n° 7. — Mâle adulte.

Longueur totale de la tête, des prémaxillaires à la protubérance occipitale . . . . 218^{mm}

Du bord antérieur du trou occipital à l'extrémité des prémaxillaires . . 150^{mm}

Longueur de la face, des prémaxillaires à l'arcade sourcilière . . . . 135^{mm}

Longueur de la capsule céphalique, de l'arcade sourcilière à la protubérance occipitale . . . . 131^{mm}

Diamètre bizygomatique maximum . . . . 112^{mm}

Longueur totale des arrière-molaires supérieures . . . . 40^{mm}

Cette tête, qui provient d'un individu de grande taille, est malheureusement mal con-
servée. L'arcade zygomatique droite est entièrement brisée, ainsi qu'une partie de l'arcade sourcilière du même côté. La mâchoire inférieure manque, de même que les incisives et canines supérieures.

28

CRANE n° 12. — Mâle jeune.

Longueur totale de la tête, des prémaxillaires à la protubérance occipitale. 161^{mm}
Du bord antérieur du trou occipital à l'extrémité des prémaxillaires. . . 108^{mm}
Longueur de la face, des prémaxillaires à l'arcade sourcilière. . . . 103^{mm}
Longueur de la capsule céphalique de l'arcade sourcilière à la protu-
bérance occipitale. . . . . 108^{mm}

Le spécimen n° 12 est encore pourvu de la dentition de lait ; ses sutures craniennes sont toutes libres. Du côté gauche on aperçoit, dans son alvéole, la canine supérieure de seconde dentition. Les faibles dimensions de cette canine, la position et la forme de l'arcade zygomatique autorisent encore à rattacher cette tête à *Papio hamadryas*, mais avec quelque réserve, en raison du très jeune âge du sujet.

Comme nous l'avons montré précédemment, à propos du crâne de cynocéphale trouvé dans le tombeau de Thotmès III, les crânes et squelettes n°^{s} 1, 2, 3, 5, 7 et 12 de la nécropole de Thot, ne se rapportent pas plus à *Papio anubis* qu'à *Papio cynocephalus*. Ces espèces, qui vivent à peu de distance de *Papio hamadryas*, sont caractérisées par des proportions craniennes assez différentes de celles que présentent les spécimens signalés plus haut.

Si nous examinons par exemple le crâne n° 7, qui est celui d'un individu mâle bien adulte, nous voyons que son développement cranien et facial diffère beaucoup de celui indiqué par Anderson et de Winton pour douze individus mâles de l'espèce *Papio cynocephalus* [1] et, d'autre part, pour cinq spécimens de même sexe de la forme *Papio anubis* [2]. Chez les individus mâles de ces deux espèces, la région faciale l'emporte toujours de 2, 3 et même 4 centimètres sur la région céphalique, tandis que dans le crâne n° 7, ces deux régions sont à peu près également développées. En outre, nous trouvons le diamètre bizygomatique maximum beaucoup plus faible que la longueur de la face chez les sujets mâles de *P. anubis* et *P. cynocephalus*, alors que cette proportion est inverse sur l'exemplaire n° 7 de la nécropole de Thot. Ce dernier est tout à fait semblable au crâne moderne n° 2.961 de *Papio hamadryas* décrit par Anderson et de Winton dans leur ouvrage sur les *Mammifères de l'Egypte actuelle*.

Il en est de même pour les crânes anciens, n°^{s} 1, 2 et 3, chez lesquels le développement de la boîte céphalique est également beaucoup plus accentué par rapport à la face que chez les femelles modernes de *P. anubis*, *cynocephalus* et *pruinosus*. Les têtes osseuses n°^{s} 1, 2 et 3, de la vallée des Singes ont pu être rattachées avec certitude à *Papio hamadryas* grâce à leur similitude avec les exemplaires de même espèce étudiés par de Winton *(loc. cit.,* pl. III) et surtout, grâce à leur parfaite ressemblance avec le crâne d'une femelle abyssinienne de *P. hamadryas* qui a vécu au jardin zoologique de Lyon et dont l'identité spécifique a été établie d'une manière certaine.

En résumé, la tête osseuse de *Papio hamadryas* présente d'assez grandes variations individuelles et sexuelles comme celle des différentes espèces de même genre. Toutefois elle se distingue de celles-ci par la brièveté de la face par rapport à la capsule céphalique. L'arcade

---

[1] Anderson et de Winton, *Zoology of Egypt*, p. 74 et 75.
[2] Id., *loc. cit.*, p. 40.

zygomatique prend naissance plus en avant sur la région maxillaire, et les deux branches du jugal font un angle plus grand que chez *Papio anubis* et *Papio cynocephalus*. Enfin la dentition de *Papio hamadryas* est moins massive, notamment dans la série des arrière-molaires.

En 1899, Oldfield Thomas [1] présenta à la Société zoologique de Londres un crâne de babouin provenant de la région d'Aden. Ce crâne a été signalé, sous le nom de *Papio arabicus*, comme représentant une nouvelle espèce alliée à *Papio hamadryas*, mais se distinguant de celle-ci par ses faibles dimensions.

L'année suivante, Old. Thomas [2] donna, dans la même publication, la description détaillée de cette espèce. Elle est basée sur une femelle bien adulte capturée dans la contrée montagneuse du Subaihi, à une centaine de kilomètres environ, au nord-ouest d'Aden. Les montagnes de cette région s'élèvent à peu près à 2.000 mètres, mais les babouins se tiennent plus bas sur les pentes, à une altitude de 1.000 mètres environ.

L'hamadryas arabique est une petite espèce à camail gris cendré que Brehm [3] déjà regardait comme différente de l'espèce africaine. Celle-ci est, en effet, bien plus grande et son manteau reste toujours d'une couleur gris verdâtre, même chez les individus âgés.

Pour justifier la distinction spécifique, Old. Thomas s'appuie principalement sur les différences relevées dans les proportions du crâne et de la dentition, entre l'hamadryas abyssin et l'hamadryas arabique. Il montre que, chez certains cynocéphales *(Papio thot)*, si les dimensions du crâne varient beaucoup d'un sexe à l'autre, il n'en est pas de même pour la rangée des molaires qui garde, à peu de choses près, le même développement dans les deux sexes. Nous ferons remarquer pourtant que cette observation n'est pas juste pour toutes les espèces, car dans la série de crânes d'hamadryas de la nécropole de Thot, on note une différence de 6 millimètres entre la rangée des arrière-molaires du mâle et celle de la femelle.

Faute d'avoir à sa disposition un crâne en bon état de femelle africaine, Old. Thomas compare le crâne d'un hamadryas mâle d'Abyssinie au crâne d'hamadryas femelle d'Arabie. Voici les dimensions de ces deux spécimens telles qu'elles sont données par l'auteur [4] :

| | LONGUEUR totale du crâne | LONGUEUR TOTALE DES | | LONGUEUR de la 3e molaire inférieure |
		5 molaires et prém. sup.	4 arrière-mol. et prém. infér[5]	
Mâle d'Abyssinie	174	50,4	48	17,4
Femelle d'Arabie	140	41,5	39.5	13,1

Les plus petits crânes d'hamadryas femelles trouvés à Thèbes, dans la nécropole de Thot, ont les dimensions suivantes relevées comme ci-dessus.

| | LONGUEUR totale du crâne | LONGUEUR TOTALE DES | | LONGUEUR de la 3e molaire inférieure |
		5 molaires et prém. sup.	4 arrière-mol. et prém. inf.	
N° 1. Femelle adulte. Thèbes	170	47	44,5	14,5
N° 2. Femelle incomplètement adulte. Thèbes .	158	48	44,5	15
N° 3. Femelle adulte, Thèbes	170	49	46,5	16

[1] Thomas, *Proceedings of the zoolog. Society of London*, p. 929, 1899.
[2] Thomas, On the mammals obtained in South-Western Arabia *(Proc. zool. Soc.*, p. 95, 1900).
[3] Brehm, *les Mammifères*, vol. I, p. 80, Paris.
[4] Thomas, *Proceedings of the zool. Soc.*, p. 97, 1900.
[5] La première prémolaire inférieure, très modifiée par son contact avec la canine, n'est pas comprise dans la rangée dentaire.

Comme on le voit, les proportions des spécimens femelles de l'ancienne Egypte sont un peu inférieures à celles de l'exemplaire mâle employé comme terme de comparaison par le naturaliste anglais, mais elles accusent néanmoins une forme beaucoup plus grande que l'espèce arabique.

Tous les crânes anciens que nous connaissons, aussi bien celui du tombeau de Thotmès III que ceux de la vallée des Singes, appartiennent donc à l'hamadryas africain, aucun à l'espèce *Papio arabicus.*

Probablement les naturalistes ne partagent pas tous l'opinion de O. Thomas relativement à la spécificité de l'hamadryas du Yémen, quelques-uns sans doute ne voient dans *Papio arabicus* qu'une race ou variété locale de *Papio hamadryas.* Mais cette question est insignifiante pour nous. Le fait important à constater est que la variété, l'espèce ou, si l'on veut, la race d'Arabie n'est pas représentée parmi les documents momifiés recueillis à ce jour dans les hypogées égyptiens.

Cette constatation a une grande importance pour l'histoire de l'ancienne Egypte, car elle doit aider à découvrir l'origine du dieu Thot qui coïncide vraisemblablement avec l'origine des hamadryas amenés dans la vallée du Nil. Les observations précédentes ne démontrent pas définitivement l'origine africaine du culte de Thot ; mais, jusqu'à ce qu'on ait trouvé dans les tombeaux ou monuments de l'ancienne Egypte des restes d'hamadryas arabique, elles s'opposent à l'hypothèse de l'origine asiatique de cette divinité.

Papio arabicus vit sur la côte occidentale et tropicale de l'Arabie, dans le territoire du Yémen, jusqu'à environ 50 kilomètres des bords de la mer Rouge.

L'aire géographique de *Papio hamadryas* n'est pas très bien délimitée. Ce babouin ne se trouve pas à l'état sauvage en Egypte. Prosper Alpin visitant le pays en 1580 affirme qu'il n'y existe plus de singes; « quelques-uns de ceux qu'on voit au Caire, à Alexandrie et autres villes sont amenés, dit-il, de l'Arabie ». A la même époque où Prosper Alpin était en Egypte, Alvarez qui voyageait en Abyssinie, a vu dans ce pays d'innombrables troupes de cynocéphales hamadryas.

Brehm également a observé souvent l'hamadryas dans son voyage en Abyssinie, en 1862. Il dit que ce cynocéphale habite toutes les montagnes de la Nubie méridionale et de l'Abyssinie. Vers le nord, l'espèce suit la région des pluies et y est très nombreuse. Les montagnes les plus couvertes de plantes sont celles où elle se plaît le mieux. Une condition essentielle au bien-être d'une colonie d'hymadryas c'est, selon Brehm, la proximité de l'eau. Il a vu des bandes descendre des montagnes élevées, sur les collines du Samchara et du désert qui longe la côte, la masse restant sur les montagnes. Ces animaux vivent presque toujours réunis par troupes d'au moins cent cinquante individus. Ils se tiennent ordinairement sur les rochers, ce n'est qu'en cas de danger qu'ils grimpent sur les arbres. En traversant la vallée de Mensa, un Abyssinien fit remarquer à Brehm quelques cynocéphales assis au sommet d'arbres très élevés; le gros de la bande se trouvait sur le flanc opposé de la montagne [1]. Lorsque les hamadryas se déplacent, on les voit arracher de temps à autre une plante dont la racine parait leur servir de nourriture; ils retournent toutes les pierres qu'ils peuvent remuer, pour prendre les insectes, mollusques, vers et surtout les fourmis qui y sont cachées et dont ils font leur régal.

[1] Brehm, *les Mammifères*, vol. I, p. 83, Paris.

Blanford[1] fournit les renseignements suivants sur l'habitat de cette espèce : « Le grand cynocéphale babouin, le singe sacré (Thot) des anciens Egyptiens est très commun dans toute la région de l'Abyssinie que j'ai traversée. Il se voit partout aux alentours de la baie Annesley, vers le plateau de Dalanta, bien qu'il soit encore plus abondant peut-être dans la partie tropicale et subtropicale de la contrée. »

Le professeur Schweinfurth[2] a rencontré *Papio hamadryas* jusqu'à 30 kilomètres environ à l'ouest de Massaoua.

Heuglin[3] signale sa présence à Mensa, à Keren et le long du fleuve Takazie ou Atbarah, sous le 14ᵉ degré de latitude nord. Divers auteurs le citent également dans le Soudan oriental. C'est très probablement par la voie de l'Atbarah, ou par celle du Nil Bleu et du Nil Blanc que les hamadryas ont été le plus souvent amenés en Egypte.

PAPIO ANUBIS, F. Cuvier

(Muséum de Lyon, nᵒˢ 4, 6, 8, 9, 10 et 11.)

Cynocéphale anubis, F. Cuvier, *Hist. nat. mamm.*, liv. L, juin 1825.
Cynocephalus babouin, Rüppel, *Neue Wirb. Saüg.*, 1835, p. 7 (nec. Desmaret, *nec.* F. Cuvier).
Papio Neumanni, Matschie, *Sitzungb. Gesell. naturf. Freunde*, Berlin, 1897, p. 161. — *Papio Heuglini*, Matschie, *Sitzung. Gesell. naturf. Freunde*, Berlin, 1898, p. 81.
Papio Thot, Ogilby, *Proceed. zool. Soc.*, London, 1843, p. 11.
Papio anubis, Anderson et de Winton, *Zoology of Egypt, Mammalia*, p. 34, pl. V et VII, London, 1902.

Dans la nécropole de Thot, les restes de *Papio anubis* sont au moins aussi nombreux que ceux de *Papio hamadryas*. Outre la grande quantité d'os de membres et fragments de crânes qui se rapportent à *Papio anubis*, on doit citer de cette espèce six têtes osseuses en bon état provenant : cinq d'individus femelles, une seule de sujet mâle. Plusieurs débris de peau desséchée, trouvés dans les tombes de cynocéphales, portent encore des touffes de longs poils jaunâtres et noirs à l'extrémité, comme il en existe sur la nuque de *Papio anubis*.

Les caractères morphologiques de ce babouin sont les suivants :

Tête plutôt aplatie en dessus ou légèrement arquée. Arcades sourcilières rejetées en arrière. Corps trapu. Queue non touffue, longue environ comme les deux tiers du corps. Pas de camail, seulement une petite crinière, sur la nuque, de poils gris ou jaunes à la base, noirs à l'extrémité. Oreilles courtes, plus ou moins quadrangulaires. Face allongée, de couleur noire, plus pâle ou gris livide au-dessous des yeux ; paupières supérieures blanchâtres ; oreilles noires. Couleur générale mêlée de jaune et de brun noirâtre, distribués plus ou moins irrégulièrement sur les diverses parties du corps et donnant à l'ensemble l'aspect olivâtre signalé par tous les auteurs ; la queue tachetée de jaune pâle et de brun est aussi de couleur gris olivâtre. Surface inférieure des mains et des pieds noire ; face supérieure à peu près uniformément noirâtre ; face interne des membres grisâtre. Chez le mâle adulte, les épaules sont couvertes de poils à peu près également longs, de 120 à 130 millimètres environ ; sur le vertex les poils atteignent de 60 à 75 millimètres de longueur, de 40 à 60 millimètres dans la région sacrée. Tous les poils sont

[1] Blanford, *Geol. et zool. Abyss.*, 1870, 222.
[2] Matschie, *in Sitzungberichte Gesells. naturf. Freunde*, Berlin, p. 25, 1893.
[3] Heuglin, *Reise nach Abess.*, p. 88 100 et 173.

plus ou moins annelés de jaune et de noir, mais cette disposition est surtout visible dans la région pectorale.

Voici la description sommaire des crânes de *Papio anubis* trouvés à Thèbes, dans les tombes anciennes de la vallée des Singes.

CRANE n° 4. — Femelle incomplètement adulte.

Bien que les canines et dernières molaires ne soient pas encore entièrement sorties, les sutures craniennes sont toutes soudées. Les os du nez sont excessivement réduits ; ils mesurent seulement 3 millimètres de largeur vers l'orifice nasal.

La mâchoire inférieure est très massive, surtout dans la région antérieure, au niveau de la symphyse, où elle s'épaissit beaucoup dans le sens vertical.

Longueur totale de la tête, des prémaxillaires à la protubérance occipitale   173^{mm}

Du bord antérieur du trou occipital à l'extrémité des prémaxillaires. . . 117^{mm}

Longueur de la face, des prémaxillaires à l'arcade sourcilière . . . . 108^{mm}

Longueur de la capsule céphalique, de l'arcade sourcilière à la protubérance occipitale . . . . 104^{mm}

Diamètre bizygomatique maximum . . . . 103^{mm}

Longueur totale des arrière-molaires inférieures. . . . . 39^{mm}

CRANE n° 6. — Femelle adulte.

Ce spécimen, dépourvu de mâchoire inférieure, rappelle beaucoup le crâne du *Papio doguera*, Pucheran et Schimper, de l'Abyssinie. Sa face est très étroite et allongée, comme dans l'exemplaire du Muséum de Munich figuré sous le nom précédent par Anderson et de Winton (*Zoology of Egypt*, pl. VII, fig. 1 à 3).

La dentition de la tête n° 6 est intacte et presque complète, il manque les incisives seulement; la rangée totale des prémolaires et arrière-molaires supérieures atteint 50 millimètres de long.

Longueur totale de la tête, des prémaxillaires à la protubérance occipitale. 191^{mm}

Du bord antérieur du trou occipital à l'extrémité des prémaxillaires . . . 130^{mm}

Longueur de la face, des prémaxillaires à l'arcade sourcilière. . . . . 120^{mm}

Longueur de la capsule céphalique, de l'arcade sourcilière à la protubérance occipitale . . . . 110^{mm}

Diamètre bizygomatique maximum . . . . 115^{mm}

Longueur totale des arrière-molaires supérieures . . . . 36^{mm}

SQUELETTE n° 8. — Mâle adulte.

La tête osseuse représentée figure 91 offre un excellent type de *P. anubis*. Elle a été photographiée isolément, parce que les diverses parties du squelette n° 8, cage thoracique et membres, proviennent d'un second individu mâle et doivent être examinées à part. Comme on le voit, la face est très longue par rapport à la capsule céphalique. Les crêtes fronto-pariétales sont fortement développées, elles se prolongent latéralement en lamelles irrégulières recouvrant, sur près d'un centimètre de large, les muscles moteurs de la mandibule. La table externe de l'occipital et des pariétaux est striée de rugosités osseuses qui, d'après M. le professeur Poncet, ne sont pas d'origine pathologique.

Longueur totale, des prémaxillaires à la protubérance occipitale . . . . 211^{mm}
Du bord antérieur du trou occipital à l'extrémité des prémaxillaires . . . 152^{mm}
Longueur de la face, des prémaxillaires à l'arcade sourcilière . . . . 136^{mm}
Longueur de la capsule céphalique, de l'arcade sourcilière à la protubérance
    occipitale . . . . 106^{mm}
Diamètre bizygomatique maximum . . . . · . . . . . . »
Longueur totale des arrière–molaires supérieures . . . . 39^{mm}

Le squelette de *P. anubis*, bien qu'il provienne d'un individu mâle assez fort, présente en plusieurs points des malformations semblables à celles examinées plus loin par M. Poncet. Quoique moins accentuées que ces dernières, les déformations du squelette n° 8 sont pourtant assez nettes ; l'extrémité distale des fémurs notamment est un peu tordue et entourée d'ostéophytes. De plus, la face interne de la colonne vertébrale est toute couverte de végétations osseuses périarthritiques, c'est-à-dire situées autour des ligaments intervertébraux. Ces végétations atteignent leur plus grand développement vers la région lombaire, au niveau du siège de l'appareil urogénital ; en ce point trois vertèbres sont complètement soudées par leur bord interne. La colonne vertébrale se compose, comme dans le squelette n° 1, de 22 vertèbres, 12 dorsales, 7 lombaires et 3 sacrées.

Les proportions relatives des rayons des membres sont un peu différentes de celles qui ont été relevées pour le squelette de *P. hamadryas*. Chez celui–ci les rayons des membres antérieurs ont à peu près les mêmes dimensions, tandis que, dans le squelette n° 8, le radius (195 millimètres) est notablement plus allongé que l'humérus (175 millimètres).

Il sera intéressant de contrôler sur le squelette de quelques cynocéphales modernes bien identifiés au point de vue spécifique, si les différences que nous signalons sont dues à de simples variations individuelles et sexuelles, ou bien si elles sont particulières aux diverses formes zoologiques adaptées à différents milieux. Chez *Papio anubis*, les rayons des membres postérieurs ont les mêmes proportions que chez *P. hamadryas*. Le fémur (210 millimètres) est un peu plus allongé que le tibia (195 millimètres).

CRANE n° 9. — Femelle incomplètement adulte (fig. 90).

Ce spécimen est en assez bon état de conservation. Seule la dentition est incomplète ; les incisives et canines ne sont représentées que par leurs alvéoles ; mais la rangée des molaires et prémolaires est intacte, elle mesure en totalité 54 millimètres de longueur.

Cette tête fournit, ainsi que la précédente, un bon type cranien de *Papio anubis*, aussi bien par le développement des molaires que par la forme du jugal ou les proportions relatives de la face et de la capsule céphalique.

La mâchoire inférieure présente une légère anomalie au côté droit. L'apophyse coronoïde fait entièrement défaut. Il ne s'agit point d'une fracture *post mortem*, car on aperçoit au sommet antérieur de la branche montante une petite cavité à surface lisse se prolongeant en gouttière jusqu'à un centimètre environ du condyle. L'apophyse coronoïde a probablement été brisée dans le jeune âge du sujet, puis, l'action des muscles rétracteurs de la mandibule s'exerçant presque continuellement sur cette apophyse, elle n'a pu se souder tout de suite à la branche montante et, pendant quelque temps, a dû coulisser légèrement à l'intérieur de la cavité que nous venons d'indiquer.

Longueur totale de la tête, des prémaxillaires à la protubérance occipitale . 162ᵐᵐ
Du bord antérieur du trou occipital à l'extrémité des prémaxillaires . . . 112ᵐᵐ
Longueur de la face, des prémaxillaires à l'arcade sourcilière. 104ᵐᵐ
Longueur de la capsule céphalique, de l'arcade sourcilière à la protubérance
    occipitale 103ᵐᵐ
Diamètre bizygomatique maximum 98ᵐᵐ
Longueur totale des arrière-molaires supérieures 38ᵐᵐ
Longueur totale des arrière-molaires inférieures 42ᵐᵐ

Fig. 90. — *Papio anubis*. Vallée des Singes, Thèbes. (Réduit de 1/6 environ.)

Crane n° 10. — Femelle incomplètement adulte.

Du même type cranien que le précédent, mais de conservation plus défectueuse. Les deux branches horizontales de la mâchoire inférieure sont brisées ; la dentition manque presque totalement du côté droit.

Longueur totale de la tête, des prémaxillaires à la protubérance occipitale. 179ᵐᵐ
Du bord antérieur du trou occipital à l'extrémité des prémaxillaires . . . 126ᵐᵐ
Longueur de la face, des prémaxillaires à l'arcade sourcilière 103ᵐᵐ
Longueur de la capsule céphalique, de l'arcade sourcilière à la protubérance
    occipitale 108ᵐᵐ
Diamètre bizygomatique maximum 112ᵐᵐ
Longueur totale des arrière-molaires supérieures 37ᵐᵐ

Crane n° 11. — Femelle adulte.

La mâchoire inférieure est également en mauvais état, la branche horizontale a été bri-

sée du côté droit, et toute la rangée dentaire manque de ce même côté, ainsi que les incisives
et canines de la mâchoire supérieure.

Longueur totale de la tête, des prémaxillaires à la protubérance occipitale. 172^{mm}
Du bord antérieur du trou occipital à l'extrémité des prémaxillaires. . . 117^{mm}
Longueur de la face, des prémaxillaires à l'arcade sourcilière . . . . . 103^{mm}
Longueur de la capsule céphalique, de l'arcade sourcilière à la protubérance
  occipitale . . . . 102^{mm}
Diamètre bizygomatique maximum . . . . 102^{mm}
Longueur totale des arrière-molaires supérieures . . . . 37^{mm}

La série de crânes qui vient d'être examinée appartient à un type assez uniforme. Nous
avons montré déjà, à propos de *Papio hamadryas*, que le type cranien de *Papio anubis* se distingue par la position plus élevée de l'arcade zygomatique, par les branches du jugal moins
ouvertes en arrière et aussi par la dentition plus volumineuse, surtout en ce qui concerne les
canines et les arrière-molaires. De plus la capsule céphalique est bien moins grande comparativement à la région faciale. Chez les individus mâles de l'espèce *P. anubis*, la face (136 millimètres de longueur) est notablement plus allongée que la capsule cranienne (106 millimètres);
chez les femelles adultes la longueur de la face égale ou dépasse un peu celle du crâne proprement dit, alors qu'on trouve généralement une proportion inverse pour les femelles de *Papio
hamadryas*.

Les canines n'existent que sur un petit nombre des crânes anciens de la nécropole de Thot.
La plupart de ces têtes de babouins, celles de *Papio hamadryas* comme celles de *Papio anubis*, ont perdu leurs dents uniradiculées, longtemps après la momification dans les tombes où
les singes ont été déposés. Sur les spécimens pourvus encore de leurs canines, nous n'avons
trouvé aucune trace d'usure ou d'ablation effectuées du vivant de l'animal, comme c'est le cas
pour la tête momifiée représentée par Anderson et de Winton[1], ou pour celle du tombeau de
Thotmès.III (fig. 86 et 87), qui est conservée au musée du Caire.

Il est probable que les cynocéphales de la nécropole de Thot n'étaient pas des animaux
dressés à vivre au milieu des hommes. Leurs longues canines les eussent rendus trop dange-
reux. On doit supposer plutôt qu'ils étaient amenés à Thèbes comme des représentants de Thot
et gardés vivants dans quelque enceinte avoisinant le sanctuaire de cette divinité.

L'habitat de *Papio anubis* et des diverses variétés qui peuvent se rattacher à cette espèce
est beaucoup plus étendu que celui de *Papio hamadryas*. On rencontre ce babouin dans le nord
de l'Abyssinie, le Taka, le Sennaar, ainsi que sur les territoires situés entre le Bahr-el-Abiad
et le Bahr-el-Azrak ou Nil Bleu. La variété *Papio Thot*, Ogilby, se trouve selon Matschie[2], au
sud du 13° degré, à l'ouest de Wogen et du Takazie; elle vit aussi en Abyssinie depuis le Bahr-
el-Abiad jusqu'au Dar-Fertit.

Heuglin[3] signale *Papio anubis* dans le Gebel Arang, sous le 14°30′ de latitude nord et le
30°30′ de longitude est. Au cours de son voyage au Nil Blanc ce même auteur[4] cite, sous le

[1] Anderson et de Winton, *The Mammals of Egypt.*, pl. III, fig. 1.
[2] Matschie, *Sitzung. Gesellsch. Naturf. Freunde*, Berlin, p. 26, 1893.
[3] Heuglin, *Reise nach. Abess.*, p. 180.
[4] Heuglin, *Reise in des Gebiet des Weissennil*, p. 329, Leipzig, 1869.

nom de *Cynocephalus Ursinus*, un babouin dans les îles du Bahr-el-Abiad; la description très courte qui en est donnée ne permet pas de l'identifier au *Papio anubis*.

Dans son voyage à Méroé, Cailliaud[1] a pu se procurer quelque spécimens de babouins et de cercopithèques. Le babouin, qu'il rattache à l'espèce *Simia sphinx* de Linné, lui fut apporté des rives du Rahad sur l'île de Méroé où l'espèce est commune, tandis qu'elle est rare dans le Sennaar. Anderson et de Winton[2] pensent que le babouin de Cailliaud était un représentant de *Papio anubis*.

La limite méridionale de son habitat n'est pas connue, mais il semble qu'on trouve cet animal jusqu'au delà du grand lac Victoria Nyanza[3]. Il se montre également au delà du Bahr-el-Ghazal et du Dar-Fertit, d'où Schweinfurth a obtenu des spécimens. Il est possible que, du district du Dar-Fertit et du Victoria Nyanza, *Papio anubis* se soit répandu dans la plus grande partie du système de rivières qui arrosent les immenses territoires situés entre le Congo et le Niger.

Suivant E. Perrier et Ménégaux[4], *Papio anubis* habite, en effet, des régions beaucoup plus occidentales que le Dar-Fertit. On le trouve principalement à 50 milles environ de la côte d'Angola, à l'endroit connu sous le nom de Rocher Noir. Contrairement à l'Hamadryas qui aime le voisinage des rivières, l'Anubis préfère les contrées sèches où poussent les Welwitschia dont il mange les feuilles à croissance continue.

En ce qui concerne la figuration des cynocéphales sur les monuments de l'ancienne Égypte, on doit contater que l'espèce représentée le plus communément est *Papio hamadryas*, reconnaissable à son volumineux camail qui recouvre presque entièrement la tête et le corps. Nous avons signalé plus haut, dans le chapitre consacré au crâne d'hamadryas du tombeau de Thotmès III, les principaux monuments sur lesquels cette espèce est figurée. Quant aux peintures ou sculptures représentant *Papio anubis*, elles sont beaucoup plus difficiles à identifier; nous ne pouvons citer que le vase en terre cuite rouge, trouvé dans la vallée des Singes à Thèbes (fig. 110), qui soit certainement inspiré de ce babouin. Le cynocéphale a été modelé accroupi, toujours dans la même attitude, la main gauche sur la poitrine, la droite appuyée sur le genou droit : derrière la tête est indiquée la petite crinière particulière à l'Anubis.

DÉFORMATIONS OSSEUSES PATHOLOGIQUES

Sur un certain nombre de squelettes de singes, trouvés par nous, dans les tombes de la vallée *Gabânet el Giroud*, nous avons pu constater des déformations osseuses et des lésions pathologiques sur lesquelles notre éminent collègue, M. le professeur A. Poncet, a bien voulu nous donner la note suivante :

[1] Cailliaud, *Voyage à Méroé et au fleuve Blanc*, t. IV, p. 268, Paris, 1827.
[2] Anderson et de Winton. *Zoology of Egypt, Mammalia*, p. 36, London, 1902.
[3] Id., *ibid.*, p. 37, London, 1902.
[4] E. Perrier et Ménégaux, *la Vie des animaux illustrée, les Mammifères*, vol. I, p. 70, Paris, 1904.

1° *CRANE D'UN VIEUX CYNOCÉPHALE* (fig. 91)

Déformations osseuses. — **Pertes de substance étendues,** *post mortem,* **par usure,
sous l'influence du temps, du sable, du soleil.**

En dehors de l'usure, sur différents points du squelette de la face, des mâchoires, de la voûte
palatine, etc., on constate encore, dans les diverses régions, des trous, des pertes de substance,

Fig. 91. — *Papio anubis.* VALLÉE DES SINGES, THÈBES. (Réduit de 1/6 environ.)

plus ou moins étendues qui sont certainement l'œuvre du temps, de pressions, de chocs *post
mortem* de cette partie du squelette.

Les grosses lésions portent sur le squelette temporo–pariétal des deux côtés et sur la base
du crâne, principalement au niveau de l'occipital.

Les lésions temporo–pariétales sont absolument symétriques et de même aspect.

L'arcade zygomatique fait défaut, à droite et à gauche, ainsi qu'une portion de l'os ma-
laire correspondant.

La table externe des deux pariétaux et d'une partie des temporaux a disparu, laissant à
nu le diploé transformé en une surface osseuse grenue, irrégulière, ravagée, corrodée en certaines régions comme si elle eût été attaquée par un acide.

Il en est de même de la base de l'occipital sur laquelle se fait l'insertion de muscles puissants.
Elle est mamelonnée, rugueuse, offrant de ci, de là, des crêtes, des aspérités; tandis que sur la
plus grande étendue de sa surface, elle est grenue, comme entamée par une rouille plus ou moins
profonde.

Il n'est pas possible de rattacher ces altérations à des lésions pathologiques quelconques, soit inflammatoires, soit néoplasiques.

Elles ne portent que la signature du temps, dont elles sont certainement l'œuvre indiscutable. Il s'agit, à n'en pas douter, du crâne d'un vieux singe, doublement vieux par son âge et par son antiquité, crâne qui, en divers points, mais surtout au niveau des parties latérales et de l'occipital, a subi *du temps l'irréparable outrage*.

2° OS LONGS D'UN CYNOCÉPHALE
Déformations rachitiques.

a) *Fémurs* (fig. 92). — Incurvations irrégulières en arc de cercle, des deux diaphyses, qui sont en outre aplaties, sous forme de fourreau de sabre.

Epiphyses inférieures et portions juxta–épiphysaires renflées, plus ou moins déformées par de petites exostoses, par quelques stalactites osseuses, au niveau de la soudure diaphyso-épiphysaire. Col des deux fémurs tombant à angle droit sur la diaphyse (coxa–vera). En dehors de ces malformations, os réguliers, d'apparence normale, munis d'une substance compacte très dure, éburnée, avec densité considérable, d'où augmentation réelle de poids.

b) *Tibias et os péronée* (fig. 93). — Ces os présentent absolument les mêmes déformations que les fémurs : diaphyse dure, éburnée. Courbure diaphysaire très marquée, en arc de cercle dans les deux tiers supérieurs de l'os ; aplatissement en fourreau de sabre. Os denses et pesants.

c) *Humérus* (fig. 94). — Même aspect que les os précédents : éburnation, augmentation de poids. Les deux épiphyses supérieures ont disparu ; elles ont dû se détacher après la mort, car aucune lésion du squelette ne peut expliquer leur décollement du vivant de l'animal. Déformation symétrique et très marquée de la diaphyse humérale à l'union du tiers supérieur et des deux tiers inférieurs, au niveau de l'insertion deltoïdienne. Elle forme un angle ouvert sur la face postérieure, de 120 environ. Cette courbure est, en grande partie, d'origine musculaire. La symétrie, les caractères de la déformation enlèvent toute idée d'anciennes fractures.

d) *Radius*. — Même aspect, même courbure diaphysaire et, en résumé, il s'agit certainement ici d'un squelette rachitique. Le rachitisme étant guéri depuis longtemps, ainsi qu'en témoignent le poids, la dureté des os, etc. comme on l'observe toujours en pareil cas.

La courbure des os longs, leur aplatissement, le renflement des extrémités diaphyso-épiphysaires, indiquent nettement qu'il s'agit de lésions osseuses survenues pendant la période de croissance.

Ces diverses déformations, tout à fait superposables à celles que l'on rencontre si souvent dans l'espèce humaine, excluent tout autre diagnostic que celui de *rachitisme*. Ce diagnostic rétrospectif se fortifie encore de la fréquence du rachitisme chez le singe.

RHUMATISME TUBERCULEUX ANKYLOSANT DE LA COLONNE VERTÉBRALE
(SPONDYLITE OSSIFIANTE)
(Fig. 95).

Sur un tronçon de colonne vertébrale (région lombaire) de six vertèbres, on constate :
1° Une soudure osseuse complète des trois vertèbres inférieures qui forment un bloc rigide,

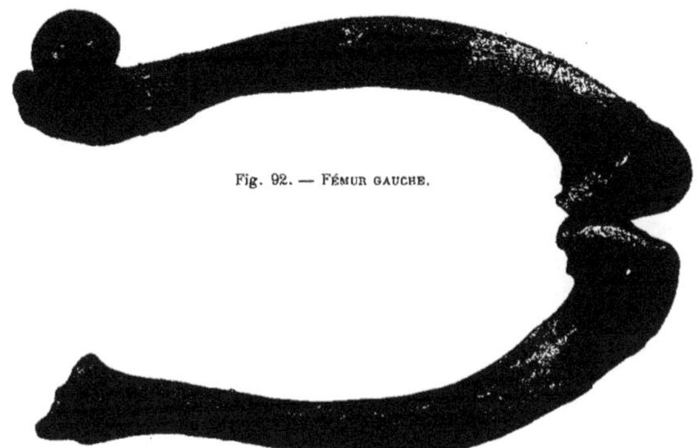

Fig. 92. — Fémur gauche.

Fig. 93. — Tibia gauche.

Fig. 96. — Cubitus
et radius droits.

Fig. 94. — Humérus droit.

(Réduction de 1/3).

Fig. 95. — Vertèbres lombaires.

et les signes, sur les autres vertèbres, d'une même synostose qui, moins résistante, a été rompue artificiellement. Il s'agit surtout d'une ossification du ligament vertébral antérieur et des tissus fibreux voisins. L'os nouveau, sous forme d'une coulée de 4 à 5 millimètres d'épaisseur, débordant à gauche pour les trois premières vertèbres sur les arcs vertébraux, jusqu'aux apophyses transverses, est particulièrement dur, comme de l'ivoire. Il forme une surface régulière, uniforme, qui témoigne d'un processus ossifiant d'emblée dont la caractéristique ne permet pas de le rattacher à un processus ulcéreux destructeur. Il donne lieu à une synostose complète, absolue, qui est avant tout périphérique.

Si on examine, en effet, les trois premières vertèbres par leur face latérale droite, on voit nettement un vide entre les corps vertébraux, vide qui correspond aux cartilages intervertébraux qui ont naturellement disparu. La même ossification ligamentaire se rencontre sur la face antérieure des autres vertèbres sous-jacentes, mais par suite de fractures artificielles de cette bande osseuse, elle ne se présente plus que sous la forme de brides, d'arêtes, de stalactites osseuses plus ou moins étendues.

Ces lésions scléreuses ossifiantes sont caractéristiques de polyarthrites vertébrales qui, dans l'espèce, ont été des périarthrites plutôt que de véritables arthrites.

Quelle est leur nature?

1° On ne saurait invoquer une lésion tuberculeuse classique ou mal de Pott.

La colonne est absolument droite et, de plus, nulle part, on ne trouve sur les corps vertébraux de perte de substance, d'irrégularités inflammatoires, de signes d'ostéite, de cicatrices osseuses — partout au contraire, de l'os en quelque sorte normal — et l'on voit, sur cette pièce, avec quelle peine la tuberculose suppurante, granulique, caséeuse fait de l'ankylose.

2° L'idée d'une ostéomyélite infectieuse, diffuse, ne saurait non plus être soutenue par le fait de l'intégrité des vertèbres, dont le tissu osseux n'a subi aucune modification.

3° Pas n'est besoin de songer à la syphilis chez le singe, et pas davantage à une maladie de Paget. Cette dernière maladie, précédée d'une période de ramollissement osseux, a une tout autre physionomie ; la colonne s'incurve, etc. Ici, au contraire, elle est absolument rectiligne, en barre.

4° Quant au rhumatisme ordinaire, chronique, noueux, déformant, progressif, etc., il n'a rien à voir avec des lésions de ce genre. Les caractères anatomo-pathologiques en sont bien connus; son type le plus marqué est le *morbus coxæ senilis*. Mais si, dans ce rhumatisme, les déformations osseuses articulaires, en plus ou en moins, sont très marquées, si l'impotence fonctionnelle est parfois considérable, la soudure osseuse, l'ankylose vraie ne se produisent pas.

Le processus local est tout différent de celui en présence duquel nous nous trouvons.

5° Il n'y a qu'une infection capable d'expliquer cette *sclérose osseuse primitive*, il n'y a que des arthrites, que des périarthrites infectieuses capables de la produire.

L'hypothèse d'un rhumatisme infectieux avec localisations vertébrales, avec spondylite, se présente alors à l'esprit. Toute la question se borne, dès lors, à établir la nature du pseudo-rhumatisme générateur de ces malformations. On ne pourrait ici invoquer la blennorragie qu'on sait jouer un si grand rôle chez l'homme, et pas davantage une maladie infectieuse quelconque : rougeole, scarlatine, etc., car il s'agit d'un singe presque préhistorique, et nous risquerions de tomber dans des hypothèses les plus imaginatives.

Mais il est une maladie que nous commençons à bien connaître, c'est le rhumatisme tuberculeux et en particulier sa forme ankylosante. Eh bien, je n'hésite pas à faire des lésions vertébrales actuelles une manifestation de cette tuberculose inflammatoire.

Je n'en veux pour preuve que la similitude de ces ankyloses vertébrales, avec celles que nous avons maintes fois constatées chez l'homme et dont nous avons démontré l'origine tuberculeuse. Elle rappelle d'une façon frappante la *spondylose* que nous avons rattachée chez un grand nombre de malades au poison tuberculeux.

La similitude frappante de cette colonne vertébrale de singe, avec d'autres colonnes humaines pathologiques au même titre, impose le diagnostic de : *rhumatisme tuberculeux ankylosant des vertèbres.* Ce diagnostic est encore corroboré par ce fait que la tuberculose est très commune chez le singe et que, dans l'espèce, nous ne voyons à mettre en avant aucune autre maladie infectieuse.

SARCOME PÉRIOSTIQUE OSSIFIANT. — SARCOME EN ÉTUI

EXTRÉMITÉS SUPÉRIEURES DU RADIUS ET DU CUBITUS DROITS

(Fig. 96).

A deux ou trois centimètres au-dessous de la tête du radius et du cubitus droits, on trouve une masse osseuse d'aspect poreux, englobant les os à la manière d'un étui. Cette néoformation osseuse d'origine périostique, paraît s'étendre à toute l'épaisseur de l'os sous-jacent à en juger par l'aspect du tissu osseux et du canal médullaire au niveau de la fracture. On peut affirmer qu'il ne s'agit pas d'une lésion inflammatoire ou d'une lésion infectieuse.

Au-dessus, en effet, de l'os nouveau, le radius et le cubitus reprennent immédiatement leurs caractères normaux ; il n'existe aucune trace de gonflement ou d'hyperostose. Cette absence de toute réaction au voisinage de la lésion, qui prend fin brusquement, *à la manière d'une tumeur*, est précisément caractéristique de ce genre de lésion.

Il s'agit là d'un *sarcome périostique ossifiant,* sarcome dit en étui ou en gaine.

Nous n'avons sous les yeux qu'une partie de la tumeur, les os ayant été fracturés en pleine néoplasie. Il est certain qu'ils étaient plus faibles dans la partie malade, et qu'ils ont pu ainsi se fracturer aisément.

L'absence de tout renflement, de toute trace de cal, au niveau de la cassure, permet encore d'affirmer qu'il ne s'agit pas d'une fracture spontanée, mais d'une fracture *post mortem.*

Ces études de M. le professeur Poncet sont des plus intéressantes, car elles nous montrent d'une façon certaine, qu'à une époque très éloignée de nous, il y a probablement quelques milliers d'années, existaient déjà dans la race simienne, le sarcome, le rachitisme, le rhumatisme tuberculeux infectieux, c'est-à-dire une forme de cette tuberculose qui est aujourd'hui une des grandes faucheuses de l'humanité. Il est donc plus que probable que si, dans cette haute antiquité, les singes étaient atteints de ces diverses affections, la race humaine ne devait point en être à l'abri.

La présence de cette tuberculose chez le Cynocéphale, nous prouve aussi que cet animal n'était point originaire des rochers ou des montagnes de Thèbes. Il devait certainement être amené des régions situées bien plus au sud, soumises à une température plus élevée, de l'Abyssinie, par exemple, du Kordofan ou du Darfour. C'est justement parce qu'il a été obligé de vivre en esclavage, dans un pays plus froid, soumis à des conditions hygiéniques mauvaises pour lui, qu'il est devenu tuberculeux. C'est du reste ainsi que meurent fatalement toutes les espèces de singes qui sont amenées des régions chaudes de l'ancien et du nouveau continent, dans notre Europe froide et humide, infectée par le microbe de la tuberculose.

On peut donc affirmer que le Cynocéphale n'existait pas à l'état de liberté dans la région de Thèbes. Cet animal était importé de loin, comme il l'est encore, actuellement, par les bateleurs, au Caire et dans les autres grandes villes de l'Egypte.

MOMIES CONTENUES DANS DES SARCOPHAGES SCULPTÉS EN FORME DE SINGES

CERCOPITHECUS SABAEUS et CERCOPITHECUS GRISEO-VIRIDIS?

Ce petit animal, très gracieux, est appelé *A balandi* par les Égyptiens actuels qui le tiennent très fréquemment captif dans leurs cours ou leurs jardins. Les membres sont bien proportionnés et déliés, les mains fines, nerveuses, assez courtes, portent un long pouce très adroit dans toutes espèces de mouvements. Leur queue est longue mais sans touffe de poils à son extrémité. Ils ont des abajoues et des callosités fessières assez développées. La couleur vert sombre de leur pelage est due au mélange de poils alternativement noirs, bleutés et jaunes. La queue et les membres sont d'une couleur plus grise que le reste du corps. La face interne des membres et la région abdominale sont teintées de blanc. La peau nue de la face, des mains et des oreilles est noire, quelquefois semée de taches livides. De chaque côté de la face, de longs poils blancs se dressent comme des favoris et donnent à ce petit animal une mine intelligente et éveillée [1].

Nous avons pu examiner récemment une fort intéressante momie de Cercopithèque contenue dans un petit sarcophage en bois coloré, ayant la forme d'un cynocéphale assis dans la pose hiératique habituelle (fig. 97) : la face postérieure de cette statuette est creusée profondément, et c'est dans cette cavité que se trouvait logée la momie (fig. 98). Ce sarcophage se divise en deux parties, une antérieure, une postérieure, qui sont réunies par quatre chevilles placées aux extrémités. Cette grossière statue est peinte avec des couleurs qui sont encore bien conservées. On peut lire sur le socle, d'après M. Daressy : « Défunt Zeher, né de Menhazet, vrai de voix, donne la vie, la santé et la force, Tai Khakheta. » Ce dernier nom est évidemment celui du possesseur du singe. Nous ignorons la provenance certaine de cette pièce intéressante, mais il est toutefois probable qu'elle vient de Sakkara.

La momie, haute de 34 centimètres, large aux épaules de 16 centimètres, était entourée

---

[1] Brehm, *Vie des Animaux, Mammifères*, p. 66.

d'une épaisse couche de bandes de toile, fortement serrées après avoir été trempées dans la
solution antiseptique au natron et à la résine. Avant de dérouler ces bandelettes, nous avons
voulu savoir ce que pouvait bien cacher cette gaine protectrice, et nous avons soumis cette
pièce à l'action des rayons Rœntgen. La radiographie nous a montré qu'elle renfermait bien
un singe, mais un singe sans cou et sans tête. Nous avons alors sculpté la partie antérieure

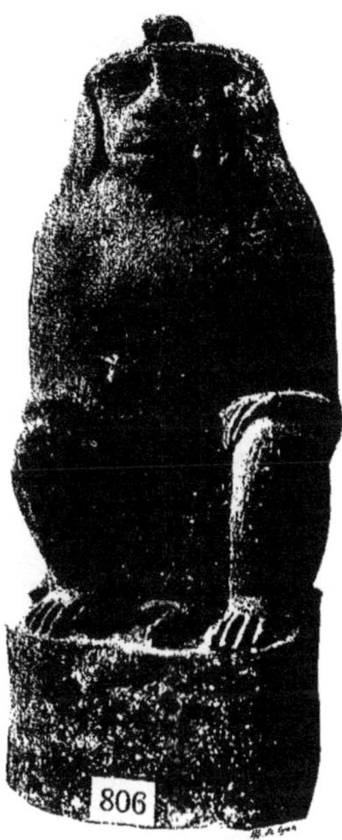

Fig. 97. — Statuette de Cynocéphale.

Fig. 98. — Statuette de Cynocéphale
et Momie de Cercopithèque (?)

de l'enveloppe, très résistante, afin de mettre à nu la pièce contenue à l'intérieur. Quelle
n'a pas été alors notre surprise et notre satisfaction, de découvrir petit à petit, le corps
admirablement momifié d'un singe minuscule, dont les membres antérieurs et postérieurs
étaient eux-mêmes entourés avec le plus grand soin de bandelettes antiseptiques fig. 99). Les
jambes étaient fléchies comme celles d'un fœtus renfermé encore dans l'utérus, tandis que les
bras étaient repliés en croix sur le sternum. Mais la tête osseuse, ainsi que le cou réels étaient
remplacés par une tête et un cou très bien modelés en toile gommée. C'était la raison pour
laquelle la radiographie n'avait pu montrer ces organes à la partie supérieure du corps, les

rayons X traversant facilement les organes factices qui ne renferment aucune substance osseuse. Le profil de la face ne ressemble en rien à celui d'un singe, mais il est au contraire absolument humain, avec un nez épais et busqué, semblable à celui d'un Indien de l'Amérique du Sud (fig. 100). Les yeux sont protégés par de grandes paupières très bien modelées. Une incision pratiquée en arrière dans le corps de l'animal nous a montré que la queue était

Fig. 99. — Cercopithèque (?)   Fig. 100. — Cercopithèque (?)

absente, ayant été arrachée, probablement à la suite d'un accident, ou étant tombée après une trop longue macération de l'animal dans le natron résineux. Il arrive même assez souvent que les singes tenus en captivité peuvent perdre leur appendice caudal. La radiographie du squelette, ainsi que la forme des ongles, dont plusieurs sont très bien conservés, nous a fait voir que nous avions sous les yeux, non un fœtus humain, ce qu'on aurait pu facilement croire à première vue, mais probablement une momie de jeune *Cercopithecus Sabaeus*, privé accidentellement de sa longue queue. Cette espèce se trouve encore fréquemment dans les régions du Haut-Nil, le Soudan égyptien et même le Sennaar d'où elle est fréquemment apportée au Caire où elle est très recherchée à cause de sa gentillesse.

Sur cette intéressante momie, les rayons Rœntgen montrent très nettement que, la tête ayant été arrachée par suite d'une cause quelconque, la colonne cervicale a été repliée sous la clavicule du côté droit. Les embau-meurs ont voulu ensuite remettre les choses dans un état convenable, et ont refait de toutes pièces un cou et une tête. La queue, primitivement arrachée, n'a point été reconstituée. Entre les cuisses, par l'ouverture pratiquée en arrière, on aperçoit seulement la verge qui présente une certaine longueur et dont le prépuce retiré en haut laisse le gland à nu.

Il est possible que les Egyp-tiens, qui complétaient avec un soin scrupuleux les débris humains la-cérés par les crocodiles et rejetés sur les rives du fleuve, traitaient de la même manière le corps des singes. C'est la raison probable pour laquelle ils ont donné à l'animal un cou et une tête factices afin de rem-placer ces parties manquantes.

Hérodote[1] dit en effet au sujet de cette singulière coutume : « Lors-que les Egyptiens ou les étrangers ont trouvé un mort, qui, après avoir été saisi par un crocodile, ou entraîné par le fleuve est rejeté sur la rive

Fig. 101. — Statuette de Cynocéphale.

Fig. 102. — Statuette de Cynocéphale.

— quelle que soit la ville où son corps ait abordé — ils doivent l'embaumer par les soins des habitants. Ce sont eux qui font ses funérailles de la manière la plus coûteuse, et qui déposent le mort dans leurs chambres sépulcrales. Il n'est permis, ni à ses amis, ni à ses proches de le toucher, mais les prêtres du lieu s'en emparent et l'ensevelissent comme un corps plus qu'humain. » Cet usage expliquerait le soin extrême avec lequel notre singe, tout incomplet qu'il fût a été momifié, ainsi que la restitution bizarre qui lui a donné un nouveau cou et une nouvelle tête. Le Muséum de Lyon possède une très intéressante momie rapportée par M. Chantre, protégée par une épaisse couche de bitume doré, qu'il a fallu enlever pénible-ment avec un ciseau à froid. Elle montra, après avoir été entièrement dépouillée de ses couches

----

[1] Hérodote, *Euterpe*, chap. xc.

protectrices de bitume et de bandelettes antiseptiques, un corps d'homme de la tête à la ceinture. Le bassin manquait entièrement ; les cuisses étaient remplacées par des branches d'acacia portant à leurs extrémités de petites jambes de femme, dont les tendons extenseurs et fléchisseurs des orteils avaient été évidemment disséqués par une longue macération dans l'eau du fleuve. Cette pièce prouve d'une manière irréfutable la véracité d'Hérodote et l'universalité des coutumes rapportées par l'historien grec.

Les savants auteurs du *Zoology of Egypt* ont représenté, à la planche III de leur magnifique ouvrage, la radiographie d'un jeune cercopithèque probablement de la même époque que le nôtre. Cette intéressante momie a été trouvée par M. Flinders Petric, à Denderah, et date probablement de l'époque romaine.

Le musée du Caire possède une autre statuette renfermant une momie de la taille d'un très jeune *Cercopithecus sabaeus*. Cette statue-sarcophage, sculptée dans un bloc de sycomore, figure également un cynocéphale accroupi, les mains posées sur les genoux, dans la situation hiératique que nous connaissons (fig. 101). Elle était peinte, mais les couleurs sont aujourd'hui très altérées. Sur la face postérieure, on a creusé une cavité rectangulaire pouvant être fermée par une planchette coulissant verticalement. Dans cette cavité se trouvait encastrée la momie (fig. 102). La statuette a comme dimensions 38 centimètres de hauteur, sur 11 de largeur ; les pieds reposent sur un socle en bois haut de 3 à 4 centimètres.

La momie qu'elle protégeait est entourée de linges brun jaunâtre formant une épaisseur de 10 à 12 millimètres ; elle mesure 25 centimètres de longeur, par 6 de largeur. La radiographie, faite par M. le Dr Destot, a montré que le corps momifié est celui d'un individu très jeune dont les épiphyses des membres ne sont pas encore ossifiées (fig. 103). Quelques noyaux osseux représentent les vertèbres dorsales et lombaires. Vers la tête, on distingue seulement les os malaires et la mandibule inférieure qui ne laisse voir aucune trace de dentition. A l'extrémité des membres inférieurs, un peu au-dessous de l'articulation tibio-tarsienne, on aperçoit deux petits disques pouvant faire croire que les pieds de la momie ont été percés par des chevilles ou des clous. Il n'en est rien, les disques ne sont autre chose que la projection horizontale des calcanéums radiographiés par derrière.

Aidés de cette vue radiographique, nous avons pu dégager la face antérieure de la petite momie des linges et du bitume qui la recouvraient.

Les figures 104 et 105 sont des reproductions de vues photographiques de cette pièce.

Fig. 103. — RADIOGRAPHIE D'UNE MOMIE DE CERCOPITHÈQUE (?)

faites de face et de trois quarts. Le corps et les jambes sont étendus. Les avant-bras ont été

Fig. 104. — Cercopithèque (?)

Fig. 105. — Cercopithèque (?)

croisés sur la poitrine, la main gauche s'appuyant sur l'épaule droite, la main droite ramenée
un peu au-dessous de l'épaule gauche.

Comme on le voit, les doigts allongés, les pouces larges et surtout la tête au museau aplati, au front fuyant, rappellent beaucoup l'aspect des Cercopithèques, mais, ainsi qu'on l'a remarqué déjà chez la momie précédente, la queue manque totalement et les orteils ont été placés comme dans un pied humain. Une détermination scientifique certaine est donc impossible, car elle ne peut s'appuyer sur aucun des caractères squelettiques ou morphologiques qui servent à distinguer soit les différents genres de singes, soit les diverses espèces de Cercopithèques. Aussi ne l'attribuons-nous à ce dernier genre que sous toutes réserves.

MOMIES DE SINGES

NÉCROPOLE DU DIEU THOT

DÉCOUVERTE DANS LA VALLÉE DES BABOUINS

(Gabanet el Giroud)

A THÈBES

On sait que le dieu Thot des anciens Égyptiens était non seulement l'écrivain des paroles divines, mais aussi le dieu des écrivains. Selon M. Pierret, il était le *Seigneur des paroles, Seigneur des écrits sacrés*. Il personnifie l'intelligence divine qui a présidé à la création ; il est

Fig. 106. — GABANET EL GIROUD (Lortet).

aussi le *Seigneur*, le *Mari*, le *Prophète de la vérité*. De l'âme, il chasse la nuit, l'erreur, les mauvais principes. Il est alors souvent représenté avec une tête d'ibis ; aussi cet oiseau et le singe cynocéphale lui sont-ils consacrés. Sous la forme d'un singe assis, il est toujours présent à la scène du jugement dernier, au moment où l'on pèse dans les balances sacrées les bonnes et les mauvaises actions de l'âme du défunt. Ce dieu à tête de singe s'appelait aussi *Hapi* lorsqu'il était chargé de présider à la garde des entrailles d'une momie, contenues dans un vase canope fermé par un couvercle, portant une tête de cynocéphale. Quelquefois, mais bien plus rarement, il était représenté dans les monuments funéraires sous la forme d'un singe cercopithèque à longue queue, peint en jaune. Les Egyptiens devaient élever fréquemment des singes, soit chez les particuliers, soit dans les temples ou les enceintes sacrées. Les momies de ces animaux semblaient, jusqu'a ce jour cependant, très peu nombreuses, et ne se trouvaient que dans certains musées d'Europe : au British Museum, il y a deux squelettes complets de *Papio hamadryas* et un de *Cercopithecus?*, et dans le muséum de Stuttgardt, un crâne de *Papio hamadryas*[1]. Deux momies de singes seulement se voient actuellement dans les riches collections du musée du Caire. Elles ont été décrites plus haut, et sont protégées par des sarcophages en bois, représentant des singes cynocéphales assis.

Malgré la rareté des momies de singes dans les musées, nous pensions bien qu'il devait se trouver quelque part une nécropole réservée à leur ensevelissement. On citait *Hermopolis*, près de Rodâ, où cependant aucune fouille régulière n'avait été tentée.

Dans sa grande carte des montagnes thébaines, Wilkinson indiquait bien trois tombes simiennes, tout au sud de ces collines rocheuses. Mais où pouvait bien se trouver cet emplament, assez vaguement figuré, sur une carte souvent très incomplète et inexacte, surtout dans sa partie sud? Après plusieurs jours de recherches et de sondages dans les nombreux ravins situés au sud de la vallée des Reines, nous avons fini par découvrir la nécropole du dieu Thot dans un wady extrêmement sauvage, qui se trouve tout au sud des rochers thébains, immédiatement avant la grande dépression, dans laquelle passe la route chamelière qui conduit de Thèbes à Farchout. Cette vallée, des plus pittoresques, est bornée de chaque côté par d'énormes falaises formées par des conglomérats probablement quaternaires (fig. 106). Dans ses parties supérieures, elle est creusée dans le calcaire crétacé s'élevant à des hauteurs vertigineuses. En explorant la base de ces rochers, j'ai trouvé quelques débris d'ossements de singes, qui m'ont prouvé que je devais être sur l'emplacement de la nécropole simienne de Thèbes. C'est là, en effet, à la base de ces escarpements, que j'ai pu mettre au jour un grand nombre de tombes renfermant des restes de singes cynocéphales. Ces fosses, creusées simplement dans les débris tombés de la montagne, sont presque toutes peu profondes; à certaines époques, plusieurs d'entre elles ont dû être envahies par les eaux, aussi les momies sont-elles souvent fortement altérées, ainsi que les os qui sont devenus très friables. Cette vallée, comme toutes celles des montagnes environnantes, est à présent entièrement à sec, mais dans une haute antiquité, il ne devait point en être ainsi, car les énormes blocs roulés qui couvrent le fond du ravin indiquent que, bien souvent, les eaux torrentielles pouvaient être très abondantes, et devaient couler avec une grande violence.

La plupart des tombes ont été préparées avec assez peu de soins, creusées simplement à un mètre ou deux de profondeur dans les débris pierreux. Quelquefois, les corps des singes avaient été renfermés dans de grossières caisses en bois, ou bien, dans des sarcophages construits en briques crues ; d'autres, enfin, étaient placés dans des cercueils quadrangulaires en terre cuite. Nous avons trouvé quelques momies de singes, préparées avec plus de soins, entourées de bandelettes antiseptiques et de bitume, placées accroupies dans de grandes jarres, et disposées à la manière des momies péruviennes. Ces jarres sont cylindriques et pourvues d'un cou-

---

[1] Anderson et de Winton, *Zoology of Egypt*, *Mammalia*, London, 1902.

vercle. Les bras de la momie sont toujours ramenés en croix sur la poitrine, et les genoux repliés à la hauteur du ventre.

Dans ces sarcophages, nous avons trouvé quelquefois·des fleurs, et bien souvent, des graines du *Balanites Egyptiaca* placées sur le sol de la fosse à côté de la momie, dans des écuelles (fig. 107) ou dans de petits vases arrondis, à ouverture étroite. Mais, que ces graines fussent répandues dans la terre ou contenues dans des récipients, elles présentent toutes une particularité extrêmement intéressante. Ces graines, de la grosseur d'une petite amande, ont une coque plissée pentagonalement, d'une dureté excessive. Elles sont toutes, sans exception, perforées d'un trou plus ou moins large, évidemment destiné à attaquer l'albumen de l'intérieur. Ces perforations, toujours très irrégulières, sont-elles dues à la main humaine manœuvrant un instrument perforant quelconque, silex, bronze ou fer, ou bien sont-elles produites tout simplement par les incisives tranchantes de quelque petit rongeur? Dans certains cas, les bords de ces ouvertures montrent bien des sillons parallèles qui sembleraient indiquer le travail des dents d'un rat. Mais d'un autre côté, nous avons obtenu de pareils sillons en cherchant à perforer ces graines avec des fragments tranchants de silex. Nous pouvons difficilement admettre que des rongeurs puissent habiter dans un endroit aussi stérile que la vallée des Singes, dans une localité très éloignée de toute espèce de culture. Ils ne sauraient, par conséquent, trouver aucun moyen d'existence, car tout être vivant, même la mouche, fait absolu-

Fig. 107. — NOYAUX DE BALANITES.

ment défaut dans ces rochers sauvages. Comment aussi admettre que ces petits animaux aient pu creuser des galeries dans les débris pierreux pour aller chercher, à un mètre ou deux de profondeur, les fruits du Balanites placés là pour servir de nourriture aux singes défunts? Nous croyons donc qu'il faut accepter l'hypothèse de mon excellent et savant ami le professeur Schweinfurth qui pense que les graines du Balanites ont été placées perforées dans les tombes des singes afin que, l'albumen étant détruit, la graine ne pût germer en terre, rien de vivant ne devant être mis auprès de la Mort dans une tombe simienne ou humaine (fig. 108).

Fig. 108. — GRAINES PERFORÉES DE BALANITES.

Le *Balanites Egyptiaca*[1] est un arbre haut de 6 à 7 mètres, très rameux, dont l'écorce est blanchâtre. Les branches s'élèvent d'abord verticalement pour se recourber ensuite comme celles des arbres dits *pleureurs*. Elles portent de longues épines, simples, très aiguës, insérées à angle droit au-dessus de l'aisselle des feuilles. Les feuilles sont alternes, à folioles géminées. Les fleurs viennent en petits groupes, de trois à cinq, au-dessus de l'aisselle des pétioles.

[1] Delile, *Description de l'Egypte*, volume XIX, p. 263 et suivantes, et planche XXVIII.

L'ovaire fécondé s'allonge et devient filiforme, en même temps que ses loges se réduisent de cinq à une seule. Il se change en une drupe ovoïde qui acquiert la grosseur du doigt et une longueur de 40 millimètres. Ce fruit a une chair verte très ferme, qui jaunit en mûrissant et qui devient un peu visqueuse. Le noyau est gros par rapport au volume du fruit. Il consiste en une enveloppe presque osseuse, très dure, à cinq côtes mousses et à cinq sillons aplatis. Un des sillons répond à l'un des côtés, le plus mince du noyau contre lequel la graine est contiguë intérieurement. Il est probable que, lorsque la graine germe, le noyau se déchire par son côté le plus faible jusqu'à son sommet, qui est fibreux et facile à percer. Lorsqu'il est encore vert, le fruit a un goût styptique; quand il est mûr, il est agréable et doux. Le bois de l'arbre est très dur, il ressemble à celui de l'ébène, veiné de jaune et de noir. Les anciens Egyptiens s'en servaient pour faire des sièges et de petites statuettes de répondants ou de dieux.

Ces arbres étaient appelés *Lebakh* par Abdellatif, et *Persea* par Théophraste. Dans l'antiquité, ils étaient dédiés à *Isis*. Ils sont devenus de plus en plus rares depuis l'occupation des Romains qui, pourtant, avaient promulgué une loi spéciale pour en empêcher la destruction : ces arbres étaient cependant nombreux dans le nome thébaïque. Actuellement, on ne les rencontre plus que dans les vallées qui séparent Thèbes de la mer Rouge, ainsi que dans le Sennaar et le Darfour.

MOBILIER FUNÉRAIRE DES TOMBES SIMIENNES
DE LA VALLÉE GABANET EL GIROUD

Dans une tombe, nous avons trouvé deux superbes amphores coniques, très pointues à la base, portant deux anses près de l'embouchure (fig. 109). Elles sont admirablement tournées et présentent les lignes des doigts en saillie les unes sur les autres, depuis la base jusqu'au sommet; elles sont en terre d'un jaune rougeâtre, très bien cuite. Elles ne renfermaient rien et ne portaient point de couvercles. Les anses sont tachées irrégulièrement d'une couleur noirâtre qui paraît avoir été produite par une substance grasse. La plus grande de ces urnes a une longueur de 76 centimètres, la plus petite de 46 centimètres seulement. A l'intérieur aucune trace ne permet de faire soupçonner la nature de ce qu'elles ont pu contenir.

Un des grands vases, qui abritait une momie de singe placée dans une position accroupie, a une forme tout à fait cylindrique. En hauteur, elle a 36 centimètres; sa largeur est de 40 centimètres. Elle est tournée en terre rougeâtre, très grossière, bien cuite, et présente en haut un bourrelet qui devait s'emboîter avec un couvercle que nous n'avons pu retrouver. Ce vase porte, sur le tiers supérieur, deux lignes creuses ornementales décrivant des zigzags assez irrégulièrement dessinés (fig. 110).

Fig. 109. — AMPHORE.

Dans une tombe, nous avons recueilli presque intacte une autre cruche, des plus bizarres, et dont je n'ai vu signalée nulle part une forme similaire. Elle est haute de 35 centimètres, et repose sur une base circulaire. La panse large est arrondie, et le corps de la cruche représente un singe anubis assis, les jambes repliées, les genoux appliqués contre un gros ventre qui laisse voir, entre les cuisses, un phallus redressé. A la partie postérieure du corps, une queue courte, recourbée du côté droit, s'applique sur la région dorsale, après avoir pris naissance entre les deux ischions qui forment une saillie considérable en simulant les fesses

Fig. 110. — Jarre renfermant une momie accroupie de cynocéphale.   Fig. 111. — Poterie en forme de cynocéphale.

dénudées. Les bras, très grossièrement figurés, reposent sur la région thoracique ; le gauche appuie la main sur le sternum, tandis que le droit, se termine par une main ouverte s'appliquant sur le genou correspondant. Ces extrémités sont très médiocrement modelées (fig. 111).

La tête est ce qu'il y a de plus remarquable dans cette intéressante poterie. Elle représente évidemment celle d'un vieux mâle cynocéphale anubis, avec sa région nasale convexe, ses grandes oreilles, et ses crêtes orbitaires très saillantes. L'apophyse occipitale, très bien figurée aussi, vient s'appuyer sur le haut de la région dorsale. La tête est surmontée d'une espèce de couronne qui entoure l'orifice supérieur de la cruche et en constitue le large goulot.

Lorsque nous l'avons trouvé, le vase était entièrement vide. Que pouvait-il primitivement contenir ? de l'eau ? ou bien des substances alimentaires dont nous n'avons constaté aucune trace. La tête de l'animal, quoique travaillée très largement, est cependant bien expressive et des plus vivantes. C'est évidemment un véritable artiste potier qui a su la modeler ainsi, avec un pouce habile dont on retrouve l'empreinte sur la terre qui a été convenablement cuite, mais qui est cependant sommairement pétrie.

Dans plusieurs tombes, les ossements des singes étaient placés dans des sarcophages construits sur place, et très grossièrement, avec de la boue du Nil. Quelquefois ces sarcophages, avant d'être enfouis en terre, avaient été cuits au soleil, ou au four, mais les uns comme les autres avaient été réduits en fragments ténus par suite de la compression des débris rocheux au milieu desquels ils avaient été cachés. Quelquefois, ces cercueils étaient formés de planches grossières, taillées dans un bois que nous pensons être celui du cèdre ou d'un autre conifère, amené probablement du mont Liban, puisque le cèdre ne croît pas et n'a jamais pu pousser en Egypte. Les planches disjointes par le travail du temps et par l'attaque des insectes ne se présentaient plus que sous la forme de morceaux très irréguliers, montrant encore les nervures les plus résistantes du bois.

Dans quatre tombes, de belles écuelles en terre rouge, bien tournées, avaient été placées sur les côtés de la momie. Elles renfermaient quelques douzaines de noyaux de Balanites, tous troués comme nous l'avons indiqué plus haut. Une de ces assiettes contenait aussi, au milieu de ces graines, deux rondelles supérieures de petites lampes en terre cuite, d'un travail évidemment grec. L'une porte des ornements indéterminés, tandis que l'autre représente une grenouille, les jambes écartées, percée au mileu du dos par le trou à huile, et couverte sur les flancs de grandes écailles carrées (fig. 112). Ces débris indiquent avec certitude que cette tombe devait être d'une basse époque, puisque jusqu'à ce jour, on n'a jamais trouvé nulle part ni une lampe, ni un dessin représentant une lampe d'une époque vraiment égyptienne. On peut donc affirmer que la coutume d'enterrer les singes dans la nécropole thébaine de Thot a dû se continuer à une époque relativement très tardive. Ces lampes sont moulées en deux parties dans une terre d'un gris rougeâtre, grossière et mal cuite.

Fig. 112. LAMPE EN TERRE CUITE.

Dans une écuelle, nous avons recueilli un petit fragment de vase émaillé en bleu, une autre partie d'un vase très épais en verre enfumé, et un morceau d'un calcaire blanc, à grains très fins, semblant avoir appartenu au rebord d'un bassin circulaire, portant une partie d'une légende : donnant le titre bien connu, suivant M. le professeur Loret, d'un des fonctionnaires de la nécropole thébaine. D'après le style des hiéroglyphes, ce fragment parait appartenir à la XVIII° dynastie (xvie siècle avant notre ère).

Dans une autre tombe, se trouvaient deux petits vases en terre rouge, tournés, sans col et sans anses, hauts de 10 centimètres, larges de 9 centimètres au milieu de la panse. L'un de ces vases, le plus petit, était entièrement rempli de graines de Balanites, toutes trouées comme il a été dit plus haut. L'autre vase, le plus large (fig. 113), renfermait les ossements de huit Sarcelles *(Querquedula crecca* et *circia)* placés dans cette tombe simienne dans quel but ?

D'autres sépultures de Cynocéphales contenaient, à côté des momies, de petits sarcophages en terre cuite très grossière et rougeâtre, de forme rectangulaire, donnant asile à une statuette d'Horus. Ces caisses en terre ont à peu près les mêmes dimensions: 27 centimètres de

Fig. 113. Vase contenant des os de Sarcelles.

tres de longueur, 10 1/2 de large et 7 de hauteur. Sur sa face supérieure, elle est profondément creusée d'une empreinte bizarre, en occupant presque toute l'étendue et semblant représenter un Osiris dont un des bras serait armé du fouet. Nous avons essayé de déterminer cette figure en faisant pénétrer dans le creux de la brique de la terre à modeler, mais cette tentative ne nous a donné aucun résultat ; les creux du moule étant plus large en bas qu'à la surface, il a été impossible d'obtenir un moulage convenable. Au moment de sa découverte, le creux de cette brique abritait une petite statuette d'Horus en terre cuite, mais seulement ébauchée.

Dans d'autres tombes, c'étaient trois petits sarcophages, longs seulement de 15 centimètres, très grossièrement modelés, et semblant travaillés par des mains enfantines. Ils sont tout à fait irréguliers, sans couvercles, mais cependant cuits au feu. Deux renferment des fragments de statuettes d'Horus ou d'Osiris

longueur, sur 12 centimètres de largeur. La profondeur est de 6 à 8 centimètres, et les couvercles, qui sont modelés en dos d'âne, présentant deux faces inclinées (fig. 114), ne sont que posés sur les bords des sarcophages. Les deux statuettes d'Horus à têtes d'éperviers, sont grossièrement modelées, mais sont cependant très facilement reconnaissables L'une est rougeâtre, elle a été cuite au feu, tandis que la seconde, pétrie dans le limon noir du Nil, a été tout simplement séchée au soleil. On peut se demander ce que signifient ces représentations d'Horus placées dans ces sarcophages, déposés eux-mêmes au milieu des tombes des cynocéphales.

Ailleurs, c'est une brique fort intéressante placée dans la fosse. Elle est très bien cuite, pétrie dans une terre rougeâtre. Ses dimensions sont 23 centimè-

Fig. 114. — Sarcophage en terre cuite et statuette d'Horus.

modelées dans le limon du Nil et non cuites. Non loin de là, une autre statuette, à peine dégrossie, semble représenter une momie sans trace de bras. Le travail des sarcophages et des statuettes est tellement primitif que je me demande si, à ces époques éloignées, de jeunes Égyptiens ne promenaient point des cynocéphales apprivoisés, comme cela se fait encore au Caire, ou dans d'autres villes de l'Egypte actuelle. A leur mort, ces singes étaient peut-être ensevelis par les enfants qui les soignaient et qui ne négligeaient pas de pourvoir leurs momies d'un mobilier funéraire convenable, travaillé par leurs propres mains, s'ils n'étaient point assez fortunés pour s'adresser aux marchands d'objets de piété, qui devaient se trouver en grand nombre aux abords de la vaste nécropole thébaine. Le troisième de ces sarcophages enfantins et minus—

Fig. 115. — Sarcophage en terre.

Fig. 116. — Tête d'Osiris (?)

cules, sert de couche à une petite momie osirienne (fig. 114), bien modelée, peinte en blanc, portant et sur la face antérieure une inscription tracée en encre noire : « *Divin Père* ». C'est la mention d'un prêtre de rang inférieur dont le nom est effacé. Elle semble appartenir à la fin de la période ramsesside (xiie siècle), d'après M. Loret.

Dans la même tombe, on trouvait aussi, au milieu des débris rocheux, un fragment de petit socle brisé, portant deux pieds bien modelés, devant appartenir à une statuette debout ou assise. Cette pièce, malheureusement incomplète, est recouverte d'un bel émail bleu.

Au milieu des pierrailles retirées d'autres fosses, on a ramassé une jolie tête osirienne, un peu plus petite que nature, brisée au niveau de la lèvre supérieure. Elle est en granit noir d'Assouan, assez grossièrement sculptée, et n'a jamais reçu le poli terminal. Elle est coiffée du *Pschent* portant dans la région frontale un uraeus, en partie brisé. Elle présente, sur le côté gauche, et en arrière, deux cartouches quadrangulaires, sur lesquels M. le professeur Loret a pu lire : h. s. — *Sou.....* (Soit loué.....) sur celui qui est placé dans la région occipitale, et

S N S (hommage à.....) sur celui qui est gravé
au côté gauche de la face. D'après M. Loret,
la forme des signes semble dater cette pièce de
l'époque Saïte, de la XXVIe dynastie, à peu près
sept à huit siècles avant notre ère. Que pouvaient
bien signifier cette tête et ces inscriptions sur
une pièce aussi intéressante abandonnée dans un
affreux désert, au milieu des tombes du dieu
Thot ? Nous regrettons amèrement de n'avoir pu
trouver, malgré les recherches les plus atten-
tives, les autres fragments de cette statue (fig.
116).

Dans les rochers, à une dizaine de mètres au-
dessus des tombes, nous avons recueilli une stèle
d'offrandes, sculptée dans une dalle d'un calcaire
très grossier. Cette stèle était brisée par le milieu,
et la moitié inférieure n'a pu être retrouvée. Sur
le rebord de la pierre, M. Daressy a lu les cartouches du roi éthiopien *Kaschta* et de sa fille,
la princesse *Amenritis*, de la XXVIe dynastie.
Cette stèle, que nous avons transportée au musée
du Caire, a-t-elle quelque rapport avec la nécropole des singes ? C'est ce que nous n'avons
pu savoir. Elle semble de la même époque que
la tête décrite plus haut, dont les lèvres grosses
et renversées indiquent une race éthiopienne,
presque négroïde, des régions du Sud.

La pièce la plus remarquable que nous avons
rencontrée dans nos fouilles de cette année est
une petite momie de singe, véritable objet d'art,
transformée en statuette d'Osiris. Sa hauteur est
de 36 centimètres seulement ; la tête est remarquablement modelée en une substance d'un vert
noirâtre très dure. Le nez est long, mince, légèrement busqué ; la bouche bien dessinée, bordée
de lèvres fines ; les oreilles admirablement sculptées sont d'une forme humaine. Les yeux, large-
ments ouverts, sont très expressifs et correcte-
ment modelés. Les sourcils et les bords des paupières sont dorés, ainsi que les côtés des joues,
à la place des favoris. La barbe mentonnière,
de la même longueur que la région faciale, est
relevée par le bout comme le sont toujours celles

Fig. 117. — Momie d'un Cercopithèque (?)

qui sont sculptées en bois et fixées au menton des momies humaines masculines (fig. 117).

Les jambes, fortement reliées l'une à l'autre, sont renfermées dans une seule gaine de toile bituminée, et sont terminées par des pieds formant un angle droit avec l'axe de la jambe. Au milieu du corps, un phallus large de 2 centimètres, long de 4, formé par de la toile enduite de bitume, est relevé à angle droit comme celui des sculptures d'Osiris ithyphalliques, si nombreuses dans les temples de la Haute Égypte. L'extrémité de cet organe est fortement dorée. Enfin, entre le phallus et les pieds, sont fixés par des bandelettes de lin, et placés l'un à côté de l'autre, quatre cylindres de toile, longs de 13 centimètres, larges de 4, trempés dans la solution résineuse antiseptique, et renfermant des graines destinées à servir de nourriture à la momie. Nous avions pensé d'abord que ces cylindres devaient contenir, étant au nombre de quatre, les viscères de l'animal. Mais un examen minutieux nous a prouvé que ces sachets sont remplis de graines d'orge vulgaire, mêlées à du sable siliceux très fin. C'était donc là une provision d'outre-tombe destinée à la nourriture du singe dans l'éternité. Mais pourquoi ce sable siliceux mêlé toujours aux grains d'orge ?

L'épaisse couche de toile et de bitume, ainsi que la présence du sable quartzeux que l'enveloppe de la momie parait contenir, n'a point permis d'avoir une image radiographique, malgré les appareils les plus puissants que nous ayons fait agir. La silice a arrêté absolument la pénétration des rayons Rœntgen. Nous ne savons donc pas positivement quel est le squelette que cette pièce si intéressante peut bien renfermer. Cependant, à cause de ses petites dimensions, il est permis de croire que c'est un corps de Cercopithèque qui a été ainsi momifié d'une façon si artistique et si remarquable.

Dans la même fosse, et à côté de cette jolie momie, se trouvaient encore quatre sacs aplatis, ayant une forme extrêmement originale. Ils ont une longueur de 38 centimètres, une largeur de 12 centimètres dans leur partie médiane. L'extrémité supérieure figure grossièrement l'enveloppe d'une région céphalique, tandis que l'inférieure simule les pieds accolés dans une même cuirasse de toile et de bitume. Les renflements du milieu semblent faire croire qu'on a voulu indiquer la présence de bras. Ces poupées originales sont recouvertes d'une forte couche de bitume maintenu par des bandelettes très serrées de toile antiseptique. Nous avons pratiqué des sondages pour savoir exactement ce que ces singuliers sacs pouvaient bien contenir. Ils renferment tous des graines d'orge *(Hordeum vulgare)*, mêlées à du sable siliceux très fin. C'étaient donc des provisions de bouche destinées à la petite momie. L'orge parait avoir été enfermé dans les sacs en épis à peu près entiers, légèrement grillés. On trouve de nombreux fragments d'arêtes et des graines qui ont très certainement subi l'action du feu. Peut-être cependant ce rôtissage superficiel provient-il tout simplement de l'application du bitume très chaud à la surface extérieure de ces sacs nourriciers. La détermination des graines d'orge est absolument certaine, car elle est le résultat d'un examen très attentif fait par mon ami, M. le professeur Schweinfurth (fig. 118).

Fig. 118. — SAC A PROVISIONS.

CHIENS

A l'importante série de chiens momifiés décrite dans la première partie de ce travail, nous ne pouvons ajouter que les restes osseux trouvés dans une statue d'Anubis qui fait partie des collections du musée égyptologique du Caire. Cette statue, haute de 65 centimètres, large de 40 centimètres environ, représente la divinité assise sur un siège quadrangulaire ; elle était recouverte primitivement d'un stuc blanchâtre décoré d'inscriptions et de peintures multicolores dont on ne voit plus que quelques traces.

La statue, faite de nombreuses pièces de bois assemblées avec des chevilles, est en mauvais état de conservation : les pieds manquent, de même qu'une partie du bras droit et de la jambe droite (fig. 119).

L'animal conservé à l'intérieur de cette statue n'a pas été momifié en totalité, ainsi qu'on l'a vu pour les chiens provenant de Thèbes, surtout d'Assiout, et des environs de Rôda [1]. Il a été préparé comme les bœufs, les béliers et les boucs, c'est-à-dire enterré d'abord, puis, après destruction complète des muscles, son squelette a été sorti de terre, abondamment badigeonné de bitume et introduit enfin, entouré de substances préservatrices et de nombreux linges, dans la statue d'Anubis où nous l'avons recueilli.

Les ossements étaient mêlés à une masse pulvérulente, noirâtre, d'aspect carbonisé, semblable à celle que nous avons déjà signalée autour de certaines momies de Sakkara. Ces os sont d'un individu mâle, incomplètement adulte, appartenant à la variété de chiens parias dite « chien errant d'Egypte », décrite précédemment ; ils se composent des pièces suivantes :

Le crâne et la moitié droite de la mâchoire inférieure ; deux omoplates, deux humérus, deux radius et deux cubitus. Le bassin, l'os pénien, les fémurs et tibias. Sept vertèbres cervicales, quelques vertèbres dorsales, lombaires et le sacrum, avec un certain nombre de côtes, de métacarpiens, métatarsiens et phalanges.

Fig. 119. — STATUETTE D'ANUBIS.

[1] Dr Lortet et C. Gaillard, *la Faune momifiée de l'ancienne Egypte*, fig. 1 et 2, Lyon, 1903.

Les sutures du crâne sont synostosées et la seconde dentition est entièrement en place, mais les épiphyses des os longs ne sont pas encore toutes soudées, bien que les rayons des membres aient à peu près atteint leur croissance normale. Le fémur mesure, d'une articulation à l'autre, 167 millimètres de longueur, le tibia a seulement 163 millimètres. Aux membres antérieurs, la proportion est inverse : l'humérus (142 millimètres) est un peu plus court que le radius (147 millimètres).

En ce qui concerne la tête osseuse, on ne peut donner que les dimensions relatives à la dentition et à la capsule céphalique, puisque les arcades zygomatiques et les prémaxillaires font défaut. Les arcades zygomatiques sont fracturées depuis peu, mais la partie faciale du crâne a été brisée avant l'application du bitume, au moment peut-être où le squelette fut retiré de la terre pour la cérémonie de la momification. La longueur de la capsule cranienne est de 97 millimètres, du bord supérieur du trou occipital à la suture fronto-nasale. La rangée totale des prémolaires et molaires supérieures mesure 62 millimètres ; la longueur antéro-postérieure de la carnassière supérieure (17,5 millimètres) est à peu près égale à celle des deux tuberculeuses réunies (18 millimètres).

Comme on le voit, le crâne ainsi que les membres ne se rapportent pas plus à un renard qu'aux chacals égyptiens *(Canis lupaster*, Ehrenberg, et *Canis variegatus*, Cretzschmar). Ils n'appartiennent pas non plus au chien lévrier de l'ancienne Égypte (fig. 120). La carnassière et les tuberculeuses supérieures de celui-ci sont, en effet,

Fig. 120. — Lévrier de l'ancienne Égypte.

plus petites et les membres beaucoup plus grands [1] que ceux de l'individu conservé dans la statue d'Anubis. Les membres et le crâne de ce dernier présentent tout à fait les proportions relevées chez le chien commun de la vallée du Nil, celles notamment de l'individu numéro 38 momifié à Assiout, près de Rôda [2].

On sait que le chien errant d'Égypte est une race de taille plus faible que la race de chiens parias de Constantinople. Sa tête est longue, forte par rapport au corps qui est assez robuste. Les oreilles sont droites et pointues, plutôt courtes. Sa queue est pendante, longue et touffue. Il a cinq doigts aux pattes de devant, quatre à celles de derrière. Son poil est le plus souvent court et raide, hérissé, roux plus ou moins foncé, tirant parfois sur le jaune clair. Quelques rares individus sont noirs.

Une bonne figure de ce chien a été donnée par M. Conrad Keller [3], d'après un individu actuel des bords du Nil Blanc (fig. 121).

Il est intéressant de reconnaitre la présence du chien dans une statue d'Anubis, car on pouvait s'attendre plutôt à trouver un squelette de renard, la divinité étant représentée le plus souvent sous la forme du renard à queue touffue et très longue.

Fig. 121. — Chien errant de la vallée du Nil. (D'après C. Keller).

Anubis avait des temples dans diverses localités de la vallée, à Lycopolis et à Cynopolis entre autres [4].

<hr>

[1] Dr Lortet et C. Gaillard, *la Faune momifiée de l'ancienne Égypte*, p. 16, 1903.
[2] *Ibid.*, p. 10, 1903.
[3] C. Keller, *die Abstammung der ältesten Haustiere*, p. 58, fig. 14, Zürich, 1902.
[4] Wilkinson, *the ancient Egyptians*, vol. III, p. 258.

CHATS

La collection d'objets relatifs à la momification des chats s'est enrichie d'une petite série
de crânes, de *Felis lybica*, provenant de Sakkara et des fouilles de M. Lefebvre à Tehnéh,
ainsi que d'un intéressant spécimen entouré de ses linges. Ce dernier a été trouvé au Caire, chez
un marchand d'antiquités qui n'a pu, malheureusement, fournir aucune indication sur sa
provenance précise. Il rappelle, par son aspect général, une momie humaine, mais avec des
dimensions beaucoup plus faibles. Sa longueur totale atteint seulement 37 centimètres, son
plus grand diamètre est de 9 centimètres; de plus, la tête, très proéminente et aplatie latéralement, ne ressemble en rien à une figure humaine.

Une incision circulaire, faite à quelque distance de la partie du corps la plus élargie, a
permis de reconnaître le contenu et, en même temps, le mode de préparation de la momie.
Celle-ci, qui renfermait simplement une tête de jeune chat, a pu être conservée sans détério-
ration; elle est décrite plus loin avec la tête du chat, laquelle appartient à un individu de
l'espèce déjà signalée, *Felis maniculata*, Cretzschmar, ou *F. lybica*, Meyer.

FELIS LYBICA, Meyer.

Felis lybica, Meyer, *Syst. zool. Entd. Neuholland und Afrika*, p. 101, 1793. — Anderson, *Zoology of Egypt*,
p. 171, pl. XXIV, London, 1902.
Felis maniculata, Cretzchmar, Ruppell, Atlas. p. 1, pl. I, 1826.

La momie est recouverte de nombreux linges, enroulés les uns sur les autres. Ces
linges, imbibés de matières résineuses, atteignent une épaisseur de 2 à 3 centimètres; ils
sont maintenus extérieurement par des bandelettes de 1 centimètre de largeur environ, qui se
croisent en alternant. Les bandelettes, de couleur jaune-brun et noire, sont disposées dans
le sens longitudinal et dans le sens transversal; autour du cou, elles sont toutes enroulées
parallèlement.

La tête protégée, comme le cou, par un enroulement de bandes étroites est, en outre,
recouverte d'un stuc gris clair, sur lequel les yeux et la bouche ont été dessinés par des
traits (fig. 122). Les oreilles manquent, mais on aperçoit leur place en arrière des yeux.
Deux baguettes de palmier traversant la momie dans toute sa longueur et affleurant vers la

tête servaient à figurer les oreilles dressées; les extrémités de ces baguettes, qui devaient dépasser la tête de 2 ou 3 centimètres, étaient probablement entourées de toile enduite de gomme, comme on l'a vu pour la plupart des momies de chats.

Nous avons dit que la momie renfermait une tête de jeune individu. Cette tête, de petites dimensions et en bon état de conservation, est recouverte de la peau et du poil un peu tachés de bitume. La partie antérieure du museau est garnie de poils blanchâtres; sur le nez, les poils très courts ont une couleur fauve doré; les longs poils de la moustache sont blancs jaunâtres.

Après avoir enlevé une partie de la peau et dégagé le crâne, nous avons reconnu qu'il appartient à un individu très jeune, encore pourvu de la dentition de lait. La tête a été séparée du corps entre les condyles et la première vertèbre cervicale, puis on a simplement ramené et serré la peau en arrière, après avoir placé contre l'occipital une petite garniture de linges imbibés de matières aromatiques.

Les proportions et la forme du crâne, ainsi que de la dentition, se rapportent à un jeune sujet de l'espèce *Felis lybica*, très bien représentée par Anderson *(loc. cit.*, pl. XXIV), dans son ouvrage sur les mammifères de l'Égypte actuelle.

La morphologie générale de *Felis lybica* a été indiquée en détails avec les particularités squelettiques, dans la première partie de cette étude [1]. Nous nous bornerons à signaler quelques-uns des caractères différentiels, qui permettent de distinguer le crâne de cette espèce de celui d'un autre petit Félidé sauvage, *Felis chaus*, Guldenstadt, var. *Nilotica*, de Winton, qui habite les mêmes régions.

On sait que *Felis lybica* se différencie facilement par son aspect extérieur et sa taille plus petite de *Felis chaus*, auquel la queue courte et le très léger pinceau de poils à l'extrémité des oreilles ont valu d'être classé par plusieurs auteurs [2] dans le groupe des Lynx. La tête osseuse de *Felis lybica* diffère aussi beaucoup de celle de *Felis chaus*, par le faible développement de sa région faciale, par ses apophyses postorbitaires plus allongées et surtout par les proportions bien plus réduites de sa dentition.

Fig. 122. — Momie de Chat.

La valeur de ces différences est indiquée dans le tableau suivant, où sont données, comparativement, les dimensions de *Felis lybica*, prises sur le crâne d'un individu momifié à Sakkara et sur celui d'un spécimen sauvage, capturé en Tunisie. Les mesures relatives à *Felis chaus*, var. *Nilotica*, ont été publiées par Anderson *(loc. cit.*, p. 177) et relevées sur une femelle de petite taille et sur un mâle de la vallée du Nil.

[1] D' Lortet et C. Gaillard, *la Faune momifiée de l'ancienne Égypte*, p. 23, Lyon, 1903.

[2] Nehring, Einen neuen Sumpfluchs aus Palästina *(Gesellschaft naturforsch. Freunde zu Berlin*, p. 127, 1902). — C. Grevé Die geographische Verbreitung der jetztlebenden Raubthiere *(Nova acta der ksl. Léopol. Carol.* Halle, p. 48, 1895).

	Felis lybica		*Felis chaus*	
	Momifié à Sakkara n° 83	Moderne de Tunisie ♂	Moderne d'Égypte ♂	Moderne d'Égypte ♀
Longueur basilaire du crâne, du bord antérieur des incisives au foramen occipital	85	87	108	96
Largeur bizygomatique maximum	71	73	84	76
Largeur entre les trous infraorbitaires	28	28	36	31
Longueur de la voûte palatine	36	34	48	43
Largeur de la voûte palatine, entre les molaires .	34	34	42	37
Longueur de la capsule cranienne	76	79	»	»
Longueur de la face	41	41	»	»
Longueur de la carnassière et de la dernière prémolaire supérieure.	18,5	20	28	24,5
Longueur de la carnassière supérieure. . . .	12	12	16	14,3
Longueur de la tuberculeuse	3	3,5	4,3	5

Les mesures qui précèdent montrent que la dentition et les diverses régions craniennes des deux espèces ont des proportions bien différentes. Chez *Felis chaus*, en effet, la longueur de la carnassière supérieure d'une femelle de petite taille est encore notablement plus grande (14,3 millim.) que celle d'un individu mâle et bien adulte de l'espèce *F. lybica* (12 millim.). Par rapport à la longueur basilaire de la tête osseuse, le diamètre bizygomatique est relativement plus étroit chez *F. chaus*; de même chez ce dernier, la largeur de la voûte palatine est, comparativement à sa longueur, un peu plus faible que dans *Felis lybica*.

Voici en outre pour *F. lybica* les proportions du crâne et de la dentition chez les individus pourvus de la dentition de lait. Ces indications ont été relevées sur la tête momifiée décrite plus haut et sur deux autres crânes, également anciens, trouvés à Sakkara.

	Felis lybica Momifiés Jeunes
Longueur basilaire du crâne.	62 à 66 millim.
Largeur bizygomatique maximum	50 à 52 —
Longueur de la rangée dentaire supérieure, de la canine à la carnassière .	17 à 19 —
Longueur de la carnassière supérieure.	8.5 à 9 —

Les dimensions précédentes, notamment celles de la carnassière supérieure, aideront, elles aussi, à distinguer les uns des autres les jeunes sujets des deux petites formes de Félidés qui viennent d'être comparées.

Dans la première partie de cette étude, le chat ganté *(F. maniculata* ou *F. lybica)* a été reconnu d'après de nombreux individus momifiés provenant de Sakkara, Rôda, Thèbes et surtout Stabl Antar, près de Béni-Hassan. Les momies de ces diverses provenances renfermaient toutes un animal entier, contrairement à ce qui vient d'être signalé. Il est intéressant de noter que les chats, comme les ibis, n'ont pas toujours été embaumés en totalité. On a vu des momies d'ibis renfermer seulement le bec ou les pattes de l'oiseau, ou bien encore quelques-unes de ses plumes blanches et noires ; on voit que le même procédé a été parfois suivi pour la momification des chats.

On sait que ces animaux étaient consacrés à la déesse Sekhet ou Best, en l'honneur de laquelle les anciens Égyptiens avaient élevé des temples dans la vallée du Nil, un entre autres à Tell el-Bastah dans la Basse-Égypte. Sekhet était habituellement représentée avec une tête de chatte surmontée du disque solaire et de l'uraeus.

BOVIDÉS

La série de documents ayant trait à la momification des bœufs s'est enrichie de plusieurs pièces importantes. Dans la première partie de cet ouvrage nous avons fait connaître trois squelettes complets et de nombreux crânes de bœufs provenant de Sakkara et d'Abousir. Depuis cette publication, un envoi de M. Maspero, directeur général du service des antiquités de l'Egypte, a permis de reconstituer un quatrième squelette de bœuf de la nécropole de Sakkara.

Ce spécimen, que nous décrivons plus loin avec deux nouveaux crânes de bœufs de la même localité, fait partie maintenant, sous le numéro 29517, des collections du musée du Caire.

Nous avons reçu, en outre, du musée égyptien, plusieurs crânes et divers ossements de bœufs sans cornes trouvés à Deir-el-Bahari près de Thèbes, dans le tombeau de la Dame Ament, prêtresse de la déesse Hathor. Ces crânes sont conservés, partie au musée du Caire, partie au Muséum de Lyon.

Enfin l'un de nous a pu rapporter de Thèbes, pour la collection du Muséum de Lyon, une momie de veau en bon état. Tous ces objets de Sakkara, de Thèbes et de Deir-el-Bahari sont décrits et figurés dans les pages suivantes.

Nous signalerons encore une tête osseuse et quelques membres de bœuf reçus du Caire en juin 1905, c'est-à-dire trop tard pour pouvoir en faire un examen détaillé. Ces ossements proviennent des fouilles de M. de Naville à Deir-el-Bahari ; ils remontent, d'après M. Maspero, au premier empire thébain. Le crâne est pourvu de cornes en « demi-lune » ; les rayons des membres sont longs et grêles ; crâne et membres sont d'un individu absolument identique à celui qui est représenté (fig. 25, 26, 27, p. 44) dans la première partie de *la Faune momifiée de l'ancienne Egypte*.

La découverte, à Deir-el-Bahari comme à Sakkara, de restes momifiés appartenant à *Bos africanus* prouve que, sous les anciennes dynasties, cette belle race était répandue dans toute l'Egypte, de l'extrême sud jusqu'au Delta.

BŒUFS MOMIFIÉS DE SAKKARA

BOS AFRICANUS, Fitzinger.
Squelette conservé au musée du Caire sous le n° 29517.

Ce bœuf appartient à la même race que les individus momifiés précédemment décrits, il présente comme ceux-ci les mêmes caractères généraux que *Bos africanus* (fig. 123). Son squelette se rapporte à un individu de grande taille. La hauteur au garrot est de 1^m52; la longueur du corps, mesurée de l'extré-mité postérieure des ischions à la pre-mière apophyse dorsale, est de 1^m53. Le bassin est remarquable par son étroitesse bi-ischiatique très accentuée. On sait que cette étroitesse est particu-lière aux individus mâles, ainsi que la forte épaisseur de la symphyse pel-vienne antérieure. Les membres longs et grêles donnent toujours à l'ensem-ble du corps l'aspect cervoïde remar-qué par les voyageurs et les naturalis-tes. Le tibia gauche du spécimen qui nous occupe porte la trace d'une frac-ture ancienne complètement réparée ; quelques ostéophytes se sont dévelop-

Fig. 123. — *Bos africanus*, Fitz.

pées à la partie supérieure, autour du tendon extenseur du métatarsien.

Les traits principaux du crâne sont toujours les mêmes : la face est étroite et allongée, le front plat ou très légèrement concave avec un chignon à crête horizontale. Les cornes sont dirigées en haut et ont la forme d'un demi-cercle. Le crâne de cet individu a les dimen-sions suivantes :

Longueur du crâne, du bord supérieur du trou occipital à la ligne transverse sus-orbitaire . . . . 219^{mm}
Longueur de la face, de la ligne transverse sus-orbitaire à l'extrémité antérieure des prémaxillaires 320
      Rapport. 0 68
Longueur du frontal, de l'extrémité supérieure du chignon à la ligne transverse sus-orbitaire . . . . 207^{mm}
Longueur de la face 320
      Rapport. 0 64

Le musée du Caire a bien voulu nous envoyer encore cette année (1904) plusieurs têtes plus ou moins entières de ce même *Bos africanus* provenant toujours de Sakkara. Ci-dessous, nous indiquons les dimensions principales de deux crânes (n°s 66 et 67) assez bien conservés. L'un (n° 66) a des cornes longues et grêles en forme de lyre, l'autre (n° 67) est pourvu de chevilles frontales courtes et épaisses.

Fig. 124. — *Bos africanus.* DE SAKKARA.   Fig. 125. — *Bos africanus.* DE SAKKARA.

CRANE DE BŒUF MOMIFIÉ
(COLLECTION DU MUSÉUM DE LYON N° 66)
(Figures 124 et 125).

Longueur du crâne, du bord supérieur du trou occipital à la ligne transverse sus-orbitaire. . . . . 206^{mm}
Longueur de la face, de la ligne transverse sus-orbitaire à l'extrémité antérieure des prémaxillaires 288
        Rapport. 0 71
Longueur du frontal, de l'extrémité supérieure du chignon à la ligne transverse sus-orbitaire . . . . 196^{mm}
Longueur de la face 288
        Rapport. 0 68

CRANE DE BŒUF MOMIFIÉ

(COLLECTION DU MUSÉEUM DE LYON, N° 67)
(Figures 126 et 127).

Longueur du crâne, du bord supérieur du trou occipital à la ligne transverse sus-orbitaire 215mm
Longueur de la face, de la ligne transverse sus-orbitaire à l'extrémité antérieure des prémaxillaires 275

Rapport 0 78

Fig. 126. — *Bos africanus*. DE SAKKARA.   Fig. 127. — *Bos africanus*. DE SAKKARA.

Longueur du frontal, de l'extrémité supérieure du chignon à la ligne transverse sus-orbitaire 200mm
Longueur de la face 275

Rapport 0 72

Bos africanus est fréquemment représenté dans les tombes de Sakkara ainsi que dans celles de la Haute Egypte. Ce bœuf à longues cornes, en forme de lyre ou disposées en demi-cercle, parait avoir été très commun dans l'ancienne Egypte. De nos jours, il est à peu près entièrement disparu de cette région, et depuis Assouan jusqu'au Delta il a été remplacé partout par des espèces européennes ou par le *Bos brachyceros* à très petites cornes, longues seulement de quelques centimètres. La couleur presque constante de cette dernière race est le bai brun foncé, lavé souvent de noir sur l'arrière-train. Dans le Soudan, le *Bos africanus*, à longues cornes est à pelage varié, quelquefois tigré pie comme à Khartoum. Cette race présente toujours au garrot une bosse plus ou moins prononcée surtout chez le mâle. Comme je l'ai dit précédemment, le *Bos africanus* a dû disparaître de l'Egypte à la suite d'une épidémie semblable à celle qui régnait en 1904 dans la vallée du Nil et qui a fait périr en deux mois plus de 300.000 têtes de gros bétail. A la suite de ces épizooties, il est probable que dans l'Egypte ancienne les bœufs à longues cornes ont été remplacés par la race du *Bos brachyceros* amenée de la Syrie.

VEAU MOMIFIÉ DE THÈBES

Le veau a été préparé pour la momification à peu près de la même manière que le bœuf Apis. Le corps a dû être enfoui dans le sable pendant quelque temps, puis, après destruction complète des parties molles, le squelette a été retiré de la terre, badigeonné de bitume et rassemblé au milieu des linges où nous le voyons.

Cette momie qui provient de Thèbes est faite de plusieurs enveloppes superposées. Le crâne et les divers ossements ont été d'abord entourés d'une toile jaunâtre, après quoi on a recouvert le tout de nombreuses tiges de papyrus disposées de façon à former une sorte de mannequin rappelant grossièrement le sphinx. L'ensemble, qui mesure 53 centimètres de longueur par 44 centimètres de hauteur, a été enfin enveloppé d'une large toile ornée de bandelettes noires et jaune clair dessinant, au-dessous de la tête, diverses figures géométriques.

La tête n'est pas ornée de bandelettes, elle est simplement entourée d'une étoffe brun noirâtre sur laquelle se détachent des disques de toile blanche, de 55 millimètres de diamètre, représentant les yeux. Au centre de ces disques, la pupille est figurée par un cercle peint en noir; les sourcils sont indiqués par d'étroites bandelettes blanchâtres, bordant la moitié supérieure du disque de l'œil (fig. 128).

De même que la tête, les cornes sont protégées d'une étoffe noire cerclée de blanc vers la base.

La momie a été un peu détériorée pendant le transport de l'Egypte au muséum de Lyon. Une partie de l'étoffe noire qui recouvrait la tête est arrachée, le museau et le front sont découverts, de sorte qu'on ne peut dire si cette tête portait un triangle d'étoffe blanche au milieu du front, comme celle qui est conservée à Paris au musée du Louvre [1].

Sans avoir enlevé complètement les bandelettes, nous avons pu nous assurer cependant que les caractères de la tête sont les mêmes que ceux présentés par les crânes de bœufs et de veaux momifiés examinés dans la première partie de cet ouvrage. Le chignon a une longueur de

[1] D' Lortet et C. Gaillard, *la Faune momifiée de l'ancienne Egypte*, p. 56, fig. 35, Lyon, 1903.

11 centimètres, les chevilles osseuses des cornes, longues de 5 à 6 centimètres, sont dirigées comme chez les individus précédemment décrits. Ce veau appartient donc aussi à *Bos africanus*, ses dimensions indiquent un individu très jeune, de six à huit mois au plus.

Fig. 128. — VEAU MOMIFIÉ. THÈBES.

BŒUFS SANS CORNES DE DEIR-EL-BAHARI

Ces ossements, extrêmement intéressants, ont été renfermés dans un coffre en bois déposé dans le caveau de la dame Ament, prêtresse de la déesse Hathor, à Deir-el-Bahari, près de Thèbes. Cette tombe, dont la date est précise, appartient à la onzième dynastie des princes thébains. Les crânes, malheureusement très fragiles, proviennent tous de jeunes individus, âgés probablement de moins de deux ans, n'ayant point été momifiés, et ne portant aucune trace de badigeonnage au bitume et au natron. Ce sont les têtes des veaux dépecés au moment des funérailles et dont certaines parties ont été placées, après avoir été tout simplement trempées dans des solutions de natron résineux, dans la caisse funéraire où elles ont été trouvées. Ces fragments, non entourés de bandelettes, ne présentent aucune trace de bitume ni à l'intérieur de la cavité cranienne, ni à l'extérieur. Les os des membres, les omoplates, les os du bassin ainsi que ceux de la colonne vertébrale manquent entièrement.

CRANE n° 62. — Ce crâne, très complet et bien conservé, porte encore les maxillaires inférieurs pourvus de toutes leurs dents. Malheureusement, il manque une partie des os du

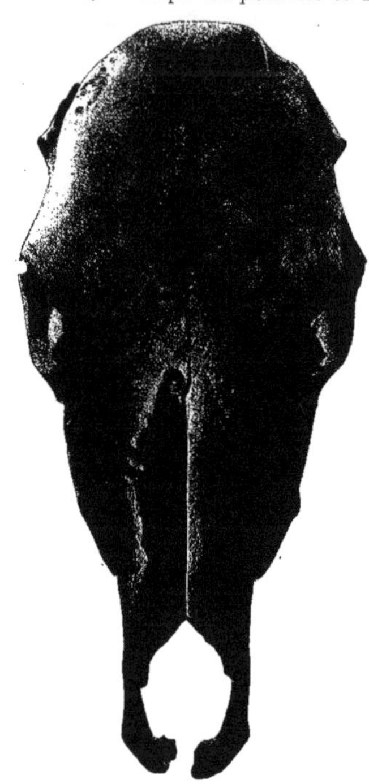

Fig. 129. — Bœuf sans cornes. Deir-el-Bahari.   Fig. 130. — Bœuf sans cornes. Deir-el-Bahari.

nez. De légères dépressions circulaires, entourées d'un anneau de tissu conjonctif, s'aperçoivent à l'endroit où se seraient développés les axes osseux des cornes (fig. 129 et 130). Les dimensions sont les suivantes :

Longueur du crâne, du bord supérieur du trou occipital à la ligne transverse sus-orbitaire 193mm
Longueur de la face 257

Rapport. 0 75

Longueur du front, de l'extrémité supérieure du chignon à la ligne transverse sus-orbi-
taire 176ᵐᵐ
Longueur de la face. 257
Rapport 0 68

CRANE n° 63. — La tête de cet individu nous est parvenue en fragments nombreux qui ont
cependant permis de la reconstituer convenablement (fig. 131 et 132). La région cranienne est

Fig. 131. — BŒUF SANS CORNES. DEIR-EL-BAHARI.

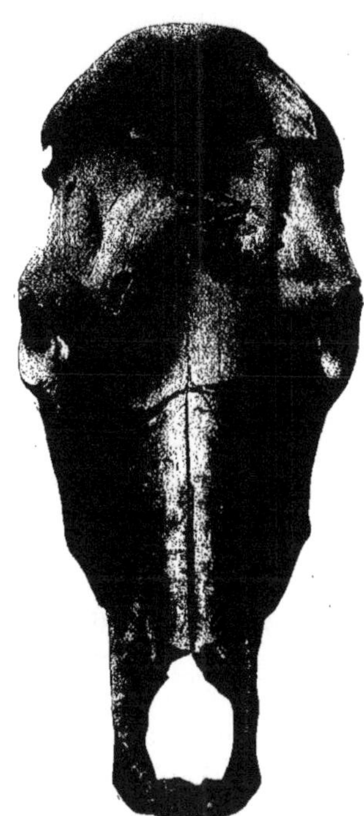

Fig. 132. — BŒUF SANS CORNES. DEIR-EL-BAHARI.

intacte. Les maxillaires inférieurs sont complets et pourvus de toute leur dentition. A la place sur
laquelle les cornes auraient dû se développer, ou plutôt à l'endroit où les chevilles frontales
devraient s'implanter, on aperçoit de petites végétations osseuses placées autour d'une rondelle
desséchée de périoste. Ce crâne devait appartenir à un individu âgé très probablement de trois
ans. Ses dimensions sont les suivantes :

Longueur du crâne, du bord supérieur du trou occipital, à la ligne transverse sus-orbitaire 208ᵐᵐ
Longueur de la face 270
                    Rapport. 0 77
Longueur du frontal de l'extrémité supérieure du chignon à la ligne transverse sus-orbitaire 197ᵐᵐ
Longueur de la face 270
                    Rapport. 0 72

Toutes ces mensurations, pas plus que les précédentes, ne nous donnent des nombres ayant une grande valeur. Leurs variations sont trop considérables pour qu'il soit possible d'en tirer un caractère de premier ordre.

CRANE n° 64. — Cette pièce n'est composée que d'une région occipito-frontale bien conservée, d'un jeune bœuf sans cornes, âgé aussi de trois ans probablement. Aucune rugosité n'indique l'emplacement où auraient dû se développer les axes osseux. Dans cet endroit, la surface du crâne est restée entièrement lisse.

Sur ces trois pièces, le chignon extrêmement développé ressemble entièrement par sa forme et par sa hauteur exagérée, à ce qui peut être constaté chez tous les bœufs de la race d'Angus qui ont été mis à notre disposition.

CRANE n° 65. — Dans la caisse funéraire provenant du même tombeau, se trouvaient encore des fragments d'un crâne ayant appartenu à un jeune bœuf pourvu, celui-ci, de cornes dont les axes osseux sont en partie conservés. Mêlés à ces débris, on a recueilli également deux maxillaires inférieurs en bon état, ainsi qu'une voûte palatine et des maxillaires supérieurs pourvus de dents et paraissant appartenir à ce même crâne.

Fig. 133. — BŒUFS SANS CORNES.
(D'après A. Erman).

Les bœufs sans cornes, accompagnés de leurs veaux, sont figurés fréquemment dans les tombes de Sakhara et de Thèbes, soit isolément, soit en troupeaux (fig. 133). Dans l'ancienne langue égyptienne, ils étaient appelés *hred'eba*, quelquefois *Eua*. Le savant égyptologue Adolphe Erman[1] croit qu'ils étaient élevés comme objets de simple curiosité, car jamais on ne les voit, dit-il, représentés attelés à la charrue, ou servant au battage du blé. Ils ont souvent une robe de plusieurs couleurs, et les paysans paraissent les amener comme présents de valeur aux grands propriétaires. Ils n'étaient certainement point rares, puisque dans le domaine de *Cha-fra-Ovich* il y avait, à un moment donné, 835 têtes de bœufs à longues cornes et 220 sans cornes.

C'est précisément ce grand nombre d'individus, et certaines autres raisons dont nous parlerons plus loin, qui ne nous permettent point d'admettre l'hypothèse d'Erman. Ce n'étaient pas des monstres qu'on élevait par simple curiosité, mais bien les produits d'une race spéciale recherchée certainement à cause des qualités qu'elle pouvait présenter. Dans quelques cas, cependant, au dire d'Erman, on employait des moyens bien connus pour donner aux bœufs

[1] Adolphe Erman, *Egypten*, p. 581.

cornus un aspect plus agréable, par exemple en arrivant, par la cautérisation au fer rouge, plusieurs fois répétée dans le jeune âge, à forcer les cornes à se recourber directement en bas.

Ce moyen est encore aujourd'hui mis en usage dans le Soudan et dans les régions de l'Afrique centrale. Stanley, en effet [1], raconte que dans les plaines herbeuses, à Kavalli, près du

Fig. 134. — Bœuf d'Angus. Islande.

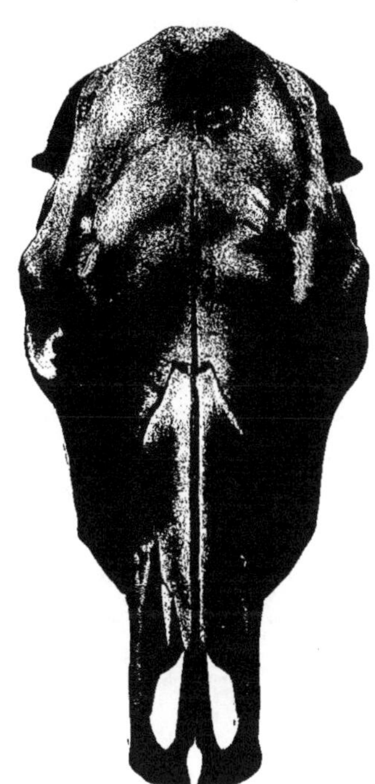

Fig. 135. — Bœuf d'Angus. Islande.

lac Albert Nyanza, la race bovine est à peine inférieure, comme taille, à celle que l'on élève en Angleterre, et qu'elle ne présente de bosse dorsale que chez le taureau. Elle diffère notablement des races que l'on voit à l'est et au sud du lac Victoria. Les cornes sont de taille moyenne, néanmoins, il y en a çà et là d'exceptionnellement fortes. Le bétail de l'Oussangora et de l'Ounyoro est couleur chamois, dépourvu de bosse et de cornes ; celui de l'Ankori a une robe

[1] Stanley, *Dans les ténèbres de l'Afrique*, vol. II, p. 358.

tachetée et des cornes démesurément longues. On m'a dit, raconte Stanley, qu'on les brûlait afin que ces animaux puissent pénétrer plus facilement dans la brousse.

Il est positivement démontré par de nombreuses observations du célèbre explorateur, qu'il y a encore dans le centre africain des races de bœufs sans cornes, mais on y trouve aussi des animaux dont on tourmente les cornes, ou même dont on fait tomber ces appendices par des cautérisations répétées pendant le jeune âge.

Il était donc du plus haut intérêt, en comparant les crânes trouvés dans la tombe de la dame Ament avec ceux des races actuelles sans cornes, ou avec les crânes des individus privés de cornes artificiellement, de savoir, si les crânes sans cornes de l'ancienne Egypte provenaient d'une race bien stable ou simplement d'individus isolés traités par la cautérisation au fer rouge.

L'Ecole vétérinaire de Lyon a heureusement pu nous confier un certain nombre de crânes appartenant aux races dites d'Angus (fig. 134 et 135), privées de cornes au moment de la naissance, ainsi que d'autres pièces provenant de taureaux dont on a enlevé les cornes dans le jeune âge (fig. 136 et 137).

Nous donnons ici les dimensions et les diamètres de trois crânes de la première série ainsi que ceux se rapportant à deux spécimens de la seconde.

BOEUFS SANS CORNES

Races d'Angus, de Suffolk et d'Islande.

(COLLECTION DE L'ÉCOLE VÉTÉRINAIRE DE LYON, Nᵒˢ 94, 100 et 3).

FEMELLE D'ISLANDE

(Fig. 134 et 135).

CRANE, nᵒ 94.

    Longueur du crâne, du bord supérieur du trou occipital à la ligne transverse sus-orbi-
taire 185ᵐᵐ
    Longueur de la face, de la ligne transverse sus-orbitaire à l'extrémité antérieure des pré-
maxillaires 288
            Rapport 0 64
    Longueur du frontal, de l'extrémité supérieure du chignon à la ligne transverse sus-orbi-
taire 180ᵐᵐ
    Longueur de la face 288
            Rapport 0 62

FEMELLE de 2 ans Suffolk.

CRANE nᵒ 100.

    Longueur du crâne, du bord supérieur du trou occipital à la ligne transverse sus-orbi-
taire 205ᵐᵐ
    Longueur de la face, de la ligne transverse sus-orbitaire à l'extrémité antérieure des pré-
maxillaires 268
            Rapport 0 76
    Longueur du frontal, de l'extrémité supérieure du chignon à la ligne transverse sus-orbi-
taire 187
    Longueur de la face 268
            Rapport 0 69

BŒUF D'ANGUS sans indication d'âge ni d'origine.

CRANE n° 3.

Longueur du crâne, du bord supérieur du trou occipital à la ligne transverse sus-orbitaire 202ᵐᵐ

Longueur de la face, de la ligne transverse sus-orbitaire à l'extrémité antérieure des prémaxillaires   278

Rapport. 0 72

Fig. 136. — TAUREAU AYANT SUBI L'ABLATION DES CORNES. RACE NORMANDE.

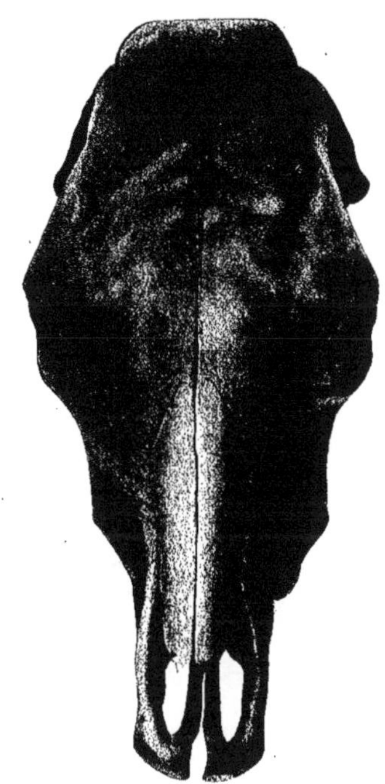

Fig. 137. — TAUREAU AYANT SUBI L'ABLATION DES CORNES. RACE NORMANDE

Longueur du frontal, de l'extrémité supérieure du chignon à la ligne transverse sus-orbitaire 197ᵐᵐ

Longueur de la face   278

Rapport. 0 70

BOEUFS AYANT SUBI L'AMPUTATION DES CORNES

(COLLECTION DE L'ÉCOLE VÉTÉRINAIRE DE LYON, nᵒˢ 55 et 60).

MALE DE RACE NORMANDE, 3 ans, 8 mois.

(Fig. 136 et 137).

Crâne n° 55.

Longueur du crâne, du bord supérieur du trou occipital à la ligne transverse sus-orbitaire 231ᵐᵐ

Longueur de la face, de la ligne transverse sus-orbitaire à l'extrémité antérieure des prémaxillaires 323

Rapport 0 71

Longueur du frontal, de l'extrémité supérieure du chignon à la ligne transverse sus-orbitaire 245ᵐᵐ

Longueur de la face 323

Rapport 0 75

FEMELLE DE RACE NORMANDE, 7 ans, 3 mois.

Crâne n° 60.

Longeur du crâne, du bord supérieur du trou occipital à la ligne transverse sus-orbitaire 217ᵐᵐ

Longueur de la face, de la ligne transverse sus-orbitaire à l'extrémité antérieure des prémaxillaires 306

Rapport 0 70

Longueur du frontal, de l'extrémité supérieure du chignon à la ligne transverse sus-orbitaire 220ᵐᵐ

Longueur de la face 306

Rapport 0 71

On peut voir que, chez les Angus, les diamètres longitudinaux, pris du bord supérieur du trou occipital à la ligne transverse sus-orbitaire : 185, 205, 202 millimètres, sont toujours *plus grands* que ceux indiquant la longueur du frontal, prise de l'extrémité supérieure du chignon à la ligne transverse sus-orbitaire, soit : 180, 187, 197 milllimètres.

Chez les bœufs ayant subi l'amputation des cornes, dans le jeune âge, la longueur du crâne, prise du bord supérieur du trou occipital à la ligne transverse sus-orbitaire, est de 231 et de 217 millimètres, c'est-à-dire toujours *plus petite* que la longueur du frontal, prise de l'extrémité supérieure du chignon à la ligne transverse sus-orbitaire, soit 245 et 220 millimètres.

Malheureusement cet examen comparatif de la seconde série ne porte que sur deux individus seulement, et nous comprenons très bien qu'on puisse regarder ces mesures comme insuffisantes pour établir une loi générale. Dans tous les cas, nous avons cru devoir rapporter ici ces faits intéressants.

Les crânes sans cornes du tombeau de la dame Ament présentent les dimensions suivantes que nous reproduisons pour permettre de les comparer à celles qui ont été relevées sur les bœufs ayant subi l'amputation des cornes.

BŒUFS SANS CORNES MOMIFIÉS

(COLLECTION DU MUSÉE DU CAIRE ET DU MUSÉUM DE LYON)

Deux crânes (n°s 62 et 63) provenant du tombeau d'*Ament*, prêtresse de la déesse Hathor. *Deir-el-Bahari*. Thèbes. Onzième dynastie.

INDIVIDU SANS CORNES de 2 ans environ.

CRANE n° 62.

Longueur du crâne, du bord supérieur du trou occipital à la ligne transverse sus-orbitaire . . . . 193^{mm}

Longueur de la face, de la ligne transverse sus-orbitaire à l'extrémité antérieure des prémaxillaires 257

Rapport 0 75

Longueur du frontal, de l'extrémité supérieure du chignon à la ligne transverse sus-orbitaire . . . . 176^{mm}

Longueur de la face 257

Rapport 0 68

INDIVIDU SANS CORNES, environ 3 ans.

CRANE n° 63.

Longueur du crâne, du bord supérieur du trou occipital de la ligne transverse sus-orbitaire . . . . , ... 208^{mm}

Longueur de la face, de la ligne transverse sus-orbitaire à l'extrémité antérieure des prémaxillaires 270

Rapport 0 77

Longueur du frontal, de l'extrémité supérieure du chignon à la ligne transverse sus-orbitaire . . . . 197^{mm}

Longueur de la face 270

Rapport 0 72

On peut donc voir par les mesures ci-dessus que les longueurs des crânes, prises du bord supérieur du trou occipital à la ligne transverse sus-orbitaire, sont de 193 et 208 millimètres, bien plus grandes que celles représentant la longueur du frontal, prises de l'extrémité du chignon à la ligne transverse sus-orbitaire, soit 176 et 197 millimètres.

Il est donc permis de dire, si ces mensurations, peu nombreuses, ont quelque valeur, que les crânes des bœufs de la tombe de la dame Ament proviennent d'une race bien fixée, et non d'individus isolés ayant subi des excisions ou des cautérisations à la base des axes osseux des cornes.

Le crane n° 63 montre, à l'endroit où les axes des cornes auraient dù se développer, à droite comme à gauche, des tubercules osseux qui semblent indiquer que cet animal a dù posséder de petites cornes rudimentaires, mobiles, ainsi qu'on peut en voir un cas représenté sur une figure de l'ouvrage de Keller, de Zurich, sur les anciennes races des animaux domestiques [1], et comme nous en avons observé plusieurs cas sur le *Bos brachyceros* actuellement élevé en Égypte.

Lorsque les cornes ont été enlevées dans le jeune âge, ou bien si l'absence des cornes est

---

[1] *Die Abstammung der ältesten Hausthiere*, Zurich, 1902, p. 158.

due tout simplement à l'hérédité, on peut toujours constater le développement exagéré, en haut et en arrière, du chignon, développement dû à l'amplification des sinus comme l'avait constaté Cornevin, professeur à l'École vétérinaire de Lyon [1].

Les sinus frontaux, qui occupent tout le frontal, se prolongent encore dans le pariétal, l'occipital, ainsi que dans les chevilles osseuses des cornes. On comprend que la suppression de ces dernières amène la disparition des diverticules des sinus qui s'y rendent.

Des compensations ont donc été trouvées dans le développement exagéré du chignon qui rend ainsi à l'ensemble des sinus sa capacité primitive. Cette partie de la tête grossit, dit Cornevin, et les lames osseuses qui la constituent s'amincissent à un tel point, que les sinus s'ouvrent à la partie postérieure de la tête, un peu au-dessus de la tubérosité cervicale, par un pertuis situé sur la ligne médiane, et capable de recevoir le doigt quand il est unique ; d'autres fois, il s'ouvre par deux trous plus petits, situés à droite et à gauche.

Dans le cas d'ablation des cornes, la compensation due au développement exagéré des sinus n'est donc point douteuse.

On peut donc affirmer, sans crainte d'erreur, que les animaux sans cornes, trouvés dans le tombeau de la dame Ament, proviennent, comme ceux de la race dite d'Angus, de monstruosités spontanées, se reproduisant par une sélection dirigée avec intelligence.

Aujourd'hui, en effet, il est bien prouvé, par les recherches et les expériences de Cornevin, que l'ablation des cornes, produite facticement par la main de l'homme ou par accident, ne se reproduit jamais par la génération. Il en est de même pour toutes les autres lésions faites sur l'homme ou sur les animaux. On peut donc admettre que les anciens Égyptiens, habiles éleveurs, ont su créer par une sélection judicieuse, une ancienne race sans cornes, semblable à celle d'Angus, à la suite d'une malformation produite spontanément dans un troupeau. Il en est certainement de même pour les races privées de cornes, et signalées par Stanley dans les régions qui s'étendent au sud-ouest du lac Albert-Nyanza.

---

[1] Cornevin, Recherches expérimentales sur l'origine de la race bovine sans cornes ou d'Angus *(Journal de médecine vétérinaire de Lyon*, 1886, t. II, p. 229).

MOUTONS

Deux races de moutons ont été signalées dans la première série d'études relatives à la faune de l'ancienne Égypte, ce sont : *Ovis longipes palæoægyptiacus* et *Ovis platyura ægyptiaca.*

Ovis palæoægyptiacus [1], dont les figurations anciennes sont habituellement citées sous le nom de « bouc » ou « bélier de Mendès » (fig. 138), est connu, au point de vue anatomique,
seulement d'après quelques fragments de crânes recueillis par M. de Morgan dans les dépôts préphaiaoniques de Toukh, aux environs de Négadah. Ces fragments craniens proviennent, avons-nous dit, de la partie inférieure du gisement, d'une couche où les silex taillés sont très communs et mêlés à des ossements brisés, des fragments de vases, des coquilles marines ou nilotiques ainsi qu'à

Fig. 138. — *Ovis palæoægyptiacus.* El-Bersheh. Tombeau n° 2. (D'après Newberry, pl. XXV).

de nombreux éclats de silex. La brique crue et les menus instruments en bronze qui caractérisent le commencement de la période pharaonique ne se rencontrent que dans la partie supérieure du dépôt. Les ossements de la zone inférieure remontent donc, comme le pense M. de Morgan, à la période néolithique.

On ne connaît aucun reste momifié d'*Ovis palæoægyptiacus.* Cette race s'est sans doute éteinte à une époque ancienne, antérieure au nouvel Empire.

La seconde forme, *Ovis platyura ægyptiaca* a été citée précédemment d'après quelques chevilles osseuses de cornes provenant des puits à momies d'Abousir. Elle est représentée, dans notre nouvelle série de documents, par deux momies et quatre crânes de béliers de localités différentes. Les deux momies de béliers à « cornes d'Amon » ont été trouvées dans les hypogées de Sakkara ; trois des crânes viennent des fouilles de M. Lefebvre à Téhneh, moyenne Égypte, le quatrième est de Sakkara.

En juin 1905, peu de temps avant la publication de la présente étude, nous avons reçu de M. Maspero dix têtes osseuses de béliers momifiés. Ces spécimens, qui proviennent de fouilles de M. Garstang, aux environs d'Esnèh, sont de l'époque gréco-romaine ; ils se rapportent tous à la race *Ovis platyura ægyptiaca,* décrite et figurée plus loin.

---

[1] Dürst et Gaillard, Studien über die Geschichte des ægyptischen Hausschafes. *(Recueil des Travaux relatifs à la philologie et à l'archéologie égyptienne et assyrienne,* vol. XXIV, Paris, 1902.)

OVIS PLATYURA, Wagner.
Race *Ægyptiaca*, Fitzinger.

Momie n° 1. — Cette pièce, longue de 50 centimètres, haute de 44 centimètres, figurait grossièrement un bélier accroupi. Elle renfermait, ainsi que les momies de bœufs, le crâne et la plus grande partie du squelette d'un individu adulte, avec, en outre, quelques os se rapportant à un second individu de même race, mais un peu plus jeune.

Fig. 139. — Momie de bélier. Sakkara.

La momie, entièrement entourée de tiges végétales, avait été préparée de la manière suivante. Après avoir débarrassé le squelette de toutes les parties molles, les différents os du tronc et des membres furent rassemblés dans une sorte de corbeille oblongue, faite de tiges de papyrus, placées parallèlement et réunies les unes aux autres par des liens transversaux, espacés de 5 centimètres environ. Puis, le crâne et les vertèbres cervicales étant disposés à une extrémité, de manière à représenter la tête et le cou de l'animal, on a consolidé le tout par de nombreux liens et, enfin, enveloppé l'ensemble dans plusieurs épaisseurs de forte toile. De ces enveloppes de toile, il ne restait plus que des lambeaux vers le cou (fig. 139 et 140).

Le crâne et les divers ossements contenus dans cette momie appartiennent tous au bélier d'Amon, c'est-à-dire à un spécimen de la race *Ovis platyura ægyptiaca,* dont les caractères morphologiques peuvent être ainsi résumés. Taille du mouton domestique ordinaire; chanfrein convexe ; oreilles pendantes de longueur moyenne. Cornes épaisses à la base, dirigées en arrière, puis recourbées en dessous et en avant. Queue longue, très large à la base (fig. 141).

Les béliers ont presque toujours des cornes, mais les brebis en sont ordinairement dépourvues.

Dans cette race, la queue est couverte de poils touffus à la face postérieure, elle s'élargit vers le bas, après un faible étranglement qui fait paraître encore plus volumineuse la masse de graisse de l'extrémité. La face antérieure de la queue est nue.

Les poils de la tête, des oreilles et des extrémités des membres sont courts. Dans les autres parties du corps le poil est assez long et touffu. Sa couleur est blanchâtre, jaunâtre ou roussâtre, ou bien rouge brun ou noir. Souvent aussi, la tête de ces animaux est tachée de brun ou de noir.

Voici les dimensions des principales pièces squelettiques qui ont été conservées :

Fig. 140. — Momie de Bélier. Sakkara.

Longueur de la tête osseuse, du bord inférieur du trou occipital à l'extrémité antérieure des prémaxillaires	216^{mm}
Longueur du crâne, du bord supérieur du trou occipital à l'extrémité antérieure de la suture médio-frontale	127
Longueur de la face, de la suture médio-frontale à l'extrémité des prémaxillaires.	130
Longueur de la rangée dentaire supérieure.	71
Longueur de la rangée dentaire inférieure.	73
Diamètre maximum du crâne (sus-orbitaire)	117
Longueur de l'omoplate.	142
— l'humérus.	130
— du radius.	155
— du métacarpien	141
— du bassin.	180
— du fémur.	173
— du tibia.	200
— du métatarsien.	145

Le crâne de ce bélier présente toutes les particularités du type ovin le plus pur. La suture occipito-pariétale est directement transverse, alors que la suture pariéto-frontale forme en arrière un angle de 120 degrés environ. Les chevilles des cornes, larges de 65 millimètres à la base, avec une section plan-convexe, sont tordues en spirale, la corne droite tournant à gauche.

Fig. 141. — *Ovis platyura,* race *ægyptiaca.*

Dans la région faciale, la tête osseuse est également des plus typiques: les fosses lacrymales, qui s'ouvrent sur le bord des orbites très saillantes, sont longues et profondes; les os du nez sont fortement convexes d'avant en arrière, de même que dans le sens transversal (fig. 142).

Les vertèbres cervicales épaisses et courtes indiquent un animal à puissante encolure. L'atlas et l'axis, notamment, ont des formes très massives; l'apophyse épineuse de l'axis est peu développée en avant, mais elle s'élève et s'élargit beaucoup, jusqu'au niveau de l'articulation postérieure.

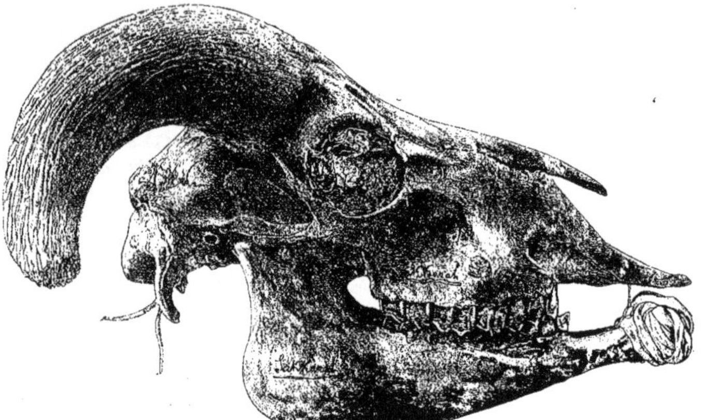
Fig. 142. — *Ovis platyura ægyptiaca.* SAKKARA.

Les vertèbres thoraciques et lombaires manquent en partie, de même que les côtes.

En ce qui concerne les proportions relatives des rayons osseux des membres, on voit, par les dimensions indiquées précédemment, qu'elles sont à peu près les mêmes que chez les autres variétés de moutons domestiques. Chez le bélier ancien, pourtant, l'humérus est court comparativement au radius, aussi l'indice huméro-radial est-il de 83 seulement, alors qu'il varie, d'après MM. Cornevin et Lesbre[1], de 86 à 90 chez les moutons européens, de 90 à 100 chez les chèvres.

Le métacarpien du bélier momifié a les mêmes proportions relatives qu'on trouve habituellement chez les ovins. Le rapport de la longueur de cet os à celle de l'humérus, est de

[1] Caractères ostéologiques différentiels de la chèvre et du mouton *(Soc. d'anthrop. de Lyon,* p. 47, 1891).

92. MM. Cornevin et Lesbre ont montré que ce rapport oscille entre 70 et 78 pour la chèvre, 85 et 95 pour le mouton.

Les rayons des membres abdominaux présentent des caractères moins tranchés. Le fémur est un peu plus court seulement par rapport au métatarsien et au tibia ; comparé au méta-

Fig. 143. — Momie de Bélier. Sakkara.

tarsien, il donne un indice de 83 pour le bélier de l'ancienne Égypte. Cet indice est de 60 à 66 chez les chèvres, de 68 à 77 chez les moutons actuels de l'Europe.

Cette rapide comparaison prouve que les moutons se distinguent des chèvres, non seulement par la forme du crâne, mais aussi par les proportions des membres, dont les extrémités sont relativement bien plus allongées chez les premiers. A ces divers points de vue, le bélier d'Amon peut être regardé comme un excellent type de mouton.

Ovis platyura ægyptiaca, Fitz, habite la vallée du Nil probablement depuis la XIIe dynastie, époque à laquelle on le voit figurer sur les monuments égyptiens.

Momie n° 2. — Ce spécimen provient aussi de Sakkara. La forme générale et les dimensions (42 centimètres de longueur par 39 centimètres de hauteur) sont à peu près les mêmes que dans l'exemplaire précédent.

Cette momie renfermait, en assez bon état de conservation, le crâne et le squelette presque entier d'un jeune bélier préparé de la même manière que les dépouilles des Apis.

Fig. 144. — Momie de Bélier. Sakkara.

Le squelette, après l'enlèvement des parties molles, avait été badigeonné fortement de bitume, puis placé à l'intérieur d'une sorte de mannequin figurant un bélier accroupi (fig. 143).

Les os du tronc et des membres se trouvaient rassemblés au centre de la momie, dans une enveloppe de toile grossière, entourée d'un entrelacement de tiges de papyrus formant une épaisseur de 7 à 8 centimètres. Les vertèbres cervicales et la tête osseuse assemblées par une tige de palmier traversant le canal médullaire et le foramen condylien, étaient également entourées de toile et d'une grande épaisseur de papyrus. Enfin, l'ensemble avait été protégé extérieurement de plusieurs larges bandes d'étoffe, de couleurs différentes : jaunâtre autour du tronc, noire sur la tête et le cou, dans le but peut-être de rappeler la variété de moutons à tête noire, commune dans la vallée du Nil. Sur l'enveloppe de la tête, on voyait, en outre, des lignes blanches figurant la bouche, les narines et les yeux. Chaque corne était entourée, à sa base, d'une bandelette d'étoffe claire se détachant sur le fond noir de la tête. En avant de la poitrine, de nombreuses bandes d'étoffes noires et jaune clair dessinaient, par leurs entrecroisements, cinq rangées verticales de quatre rectangles chacune (fig. 144).

Tous les ossements renfermés dans cette momie appartiennent à un seul individu ayant à peine atteint la taille de l'adulte. La plupart des os longs sont dépourvus de leurs épiphyses. Le squelette est incomplet; il manque plusieurs côtes, quelques vertèbres et phalanges ainsi que le métatarsien gauche et le métacarpien du côté droit.

Bien qu'il se rapporte à un jeune bélier, le crâne offre très nettement les diverses particularités de la race *Ovis platyura*, Wagner. La courbure et la section des chevilles osseuses des cornes, la forme du pariétal, la double convexité des os du nez, tout est semblable à ce que nous avons indiqué à propos du crâne de la momie précédente. Toutefois les dimensions sont plus faibles : la longueur de la capsule cranienne, du foramen occipital à l'extrémité antérieure de la suture médio-frontale, est de 119 millimètres ; la longueur de la tête osseuse, du bord inférieur du trou occipital à l'extrémité antérieure des prémaxillaires, mesure 193 millimètres ; son diamètre maximum atteint, sur les apophyses orbitaires, 103 milimètres. Ce crâne a été retourné au Musée archéologique du Caire où il est conservé sous le n° 29672.

Les autres parties du squelette : os des membres, vertèbres et bassin sont conformes aux pièces correspondantes du bélier décrit plus haut. Ces divers ossements n'ayant pas tout leur développement, il est inutile d'en indiquer les dimensions.

CRANES DE BÉLIERS. — Nous avons dit que ces têtes osseuses, au nombre de quatre, proviennent les trois premières (n°ˢ 3, 4 et 5) des fouilles de M. Lefebvre à Tenéh, Moyenne Égypte, la quatrième de Sakkara (n° 6). Elles ne portent pas de trace des substances qui servaient à la momification. Toutes les quatre appartiennent à des individus adultes ou âgés de la variété à large queue : *Ovis platyura ægyptiaca*, Fitz.

Crâne n° 3. — Ce spécimen est brisé dans sa partie faciale, les prémaxillaires manquent totalement, mais la dentition et la capsule cranienne sont intactes ; celle-ci mesure 150 millimètres, du bord supérieur du trou occipital à l'extrémité antérieure de frontaux. Les fosses lacrymales sont longues et profondes. L'os lacrymal dépasse, en avant, l'extrémité du frontal, de près d'un centimètre. Le nasal, le frontal et le lacrymal circonscrivent de chaque côté de la face une fontanelle de 10 millimètres de longueur environ. Le diamètre maximum de la tête atteint, sur les arcades orbitaires, 135 millimètres.

En ce qui concerne la dentition, on remarque, à la partie postérieure des deuxième et troisième arrière-molaires, un léger repli d'émail intercalé entre les lobes externe et interne de la dent. Ce pli, qui se voit chez la plupart des moutons, manque toujours chez les chèvres. La rangée dentaire supérieure a 73 millimètres de longueur.

La mâchoire inférieure fait défaut, de même que les étuis des cornes.

Crâne n° 4. — D'après l'usure des molaires et la synostose des sutures craniennes, cet exemplaire provient d'un animal âgé. Les chevilles des cornes sont longues et épaisses, leur grand diamètre à la base est de 65 millimètres. Le crâne, mesuré comme précédemment, atteint 148 millimètres de longueur ; sa largeur au niveau des orbites est de 132 millimètres. Ici encore, on remarque une fontanelle lacrymo-nasale, mais elle est un peu moins grande que dans le crâne n° 3. Cette fontanelle, qui se rencontre exceptionnellement chez les moutons, est beaucoup plus fréquente chez les caprins.

La dentition est incomplète, la dernière prémolaire supérieure manque des deux côtés, ainsi que toute la mâchoire inférieure.

Crâne n° 5. — Ce crâne est pourvu d'une encornure superbe. Les chevilles frontales ont conservé leurs étuis cornés ; la corne droite mesure, en suivant l'arête extérieure, 79 centimètres de long. Le diamètre antéro-postérieur de la capsule cranienne est de 163 millimètres, du trou occipital à l'extrémité antérieure de la suture médio-frontale ; son diamètre transverse maximum est de 137 millimètres sur les orbites.

Les os du nez sont toujours fortement recourbés d'avant en arrière et transversalement.

Le lacrymal se prolonge jusqu'à l'os nasal, la fontanelle lacrymo-nasale a disparu presque tout à fait, on n'aperçoit plus que deux ouvertures très petites, en avant et en arrière du point de soudure du lacrymal avec le nasal.

La rangée dentaire supérieure est en très bon état, elle mesure 76 millimètres de longueur. De même que dans les crânes n°ˢ 3 et 4, la mâchoire inférieure manque, les prémaxillaires sont brisés.

Crâne n° 6. — Cette tête osseuse est incomplète, elle se compose seulement de la partie

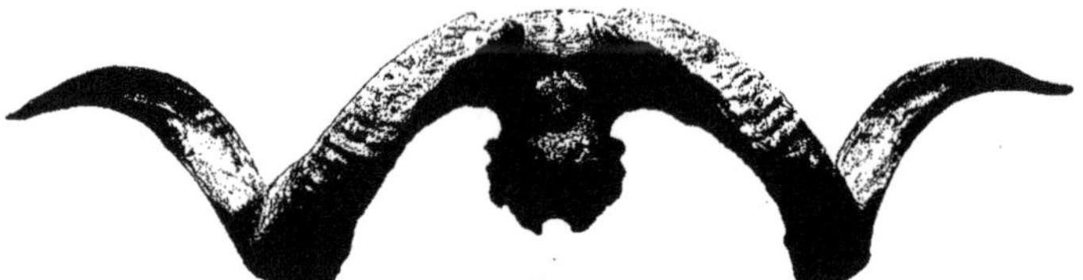

Fig. 145. — *Ovis platyura ægyptiaca.* SAKKARA.

postérieure du crâne d'un vieux bélier avec les chevilles frontales et leurs étuis cornés (fig. 145). La longueur totale des cornes d'une pointe à l'autre, en ligne droite, atteint 65 centimètres, le diamètre maximum sur les orbites est de 13 centimètres.

La structure des os du crâne et des chevilles frontales se rapporte à la race *Ovis platyura*. Pourtant, chez cet exemplaire, les cornes ont atteint dans le sens transverse, un développement plus grand qu'à l'ordinaire ; mais les axes osseux ont toujours une section plan–convexe, ils ne présentent pas la moindre trace de la carène très développée qui se trouve chez *Ovis palæoægyptiacus*, *Ovis strepsiceros* et diverses antilopes à cornes spiralées.

CHÈVRES

Parmi les envois récents du Muséc égyptologique du Caire, les documents qui se rapportent à des Caprins se composent : d'une momie de *Hircus mambricus* et d'un crâne incomplet de la race *Hircus Thebaïcus*.

Fig. 146. — MOMIE DE BOUC. SAKKARA.

De plus, on a pu assembler, au Muséum de Lyon, quelques-uns des débris osseux provenant du gisement préhistorique de Toukh et reconstituer partiellement le crâne d'une chèvre de petite taille, dont les caractères morphologiques correspondent tout à fait à ceux de la race naine, *Hircus reversus*.

HIRCUS MAMBRICUS

La momie que nous avons à décrire provient, comme celle qui a été signalée dans la première partie de cette étude [1], d'un hypogée de Sakkara, au sud de Gizé.

[1] Dʳ Lortet et C. Gaillard, *la Faune momifiée de l'ancienne Egypte*, 1ʳᵉ série, p. 107, fig. 57.

Cette pièce, longue de 65 centimètres, haute de 40 centimètres a, dans son ensemble une forme rectangulaire un peu arrondie sur la face supérieure. Il n'y a aucune indication de membres, seuls la tête et le cou sont représentés.

La masse rectangulaire figurant le corps de l'animal portait à sa face inférieure une large ouverture par laquelle avait dû s'échapper, avant l'arrivée à Lyon, une partie du contenu. L'enveloppe se composait d'une épaisseur de 8 à 10 centimètres de toile et de chiffons entièrement décomposés et tombant en cendres sous la moindre pression. Cet amas d'étoffes diverses, imbibées de substances résineuses et salines, était entouré de plusieurs larges pièces de toile jaunâtre assez résistante. L'ensemble était décoré extérieurement de fines bandelettes dessinant par leurs entrecroisements plusieurs rectangles sur toute la surface, sauf la tête et le cou. Les cornes étaient également protégées de bandelettes ; quelques tiges de papyrus repliées plusieurs fois sur elles-mêmes et enveloppées de toile figuraient les oreilles de l'animal (fig. 146 et 147).

Fig. 147. — Momie de Bouc. Sakkara.

Sous la grande épaisseur de linges tombant en poussière, nous n'avons trouvé d'autres ossements que le crâne, dépourvu de la mâchoire inférieure, avec la moitié gauche du bassin. Ces pièces osseuses étaient complètement débarrassées de leurs muscles et badigeonnées de bitume.

Le crâne et le bassin appartiennent à un individu mâle de la race *Hircus mambricus*.

La chèvre mambrine est haute sur jambes. Sa tête longue a le front peu bombé, le chanfrein droit. Les cornes existent en général dans les deux sexes ; chez le mâle elles sont plus contournées, plus fortes que chez la femelle ; leur forme est assez variable. Les oreilles pendantes sont plus ou moins longues.

On sait que, selon plusieurs auteurs, cette race serait originaire de la Syrie ou de l'Asie antérieure et tirerait son nom du mont Mamber, en Palestine, où des voyageurs anciens en ont vu de grands troupeaux.

Les naturalistes admettent l'existence, en Mésopotamie et en Syrie, de deux variétés de chèvres mambrines. L'une, qu'ils appellent *Shamaz* ou *Shamy*, a les oreilles très longues, le poil très fin, tantôt noir, tantôt rouge ; l'autre, nommée *Kourdie*, est pourvue d'une toison plus ou moins abondante mais plus grossière, ses oreilles sont plus petites. Cette seconde variété, de provenance montagnarde, est plus vive que la première. Dans ces deux formes il y a des individus à cornes et des individus sans cornes. M. le Dr Dürst a même vu, ainsi qu'il a eu l'amabilité de nous l'écrire, des mâles sans cornes.

Ces variétés ou quelques types intermédiaires provenant sans doute de leurs croisements, sont représentés sur les monuments de l'ancienne Égypte, notamment en bas-relief dans la chapelle funéraire d'un roi de la cinquième dynastie à Abousir [1] (fig. 148), sur les murs d'un

---

[1] *Zeitschrift für ægyptische Sprach*, vol. XXXVIII, 2e cahier, pl. V, p. 94.

tombeau de la IV⁰ dynastie des Pyramides de Gizé[1] et sur divers monuments reproduits par Rosellini.

L'encornure des sujets, mâle et femelle, figurés par les Egyptiens de l'époque memphite n'est, comme on voit, pas du même type que celle de l'individu momifié beaucoup plus tard à Sakkara (fig. 147). Ce sont probablement des boucs de cette dernière variété qui, au commencement de l'époque saïte ont remplacé le bélier dans les cérémonies du culte de Mendès, grâce à l'apparente ressemblance de leurs cornes avec celles du bélier de Mendès (fig. 138).

Fig. 148. — *Hircus mambricus*. ABOUSIR.
Chapelle funéraire de Ra-n-ousir, 6⁰ roi de la V⁰ dynastie.

Le crâne trouvé dans la momie ne présente rien de particulier; les sinus frontaux sont seulement un peu moins saillants, la capsule cranienne est plus infléchie sur la face qu'on ne le voit d'ordinaire chez les individus mâles de cette race. Le chanfrein est droit, la face allongée. La longueur totale de la tête osseuse, du trou occipital à l'extrémité antérieure des prémaxillaires est de 217 millimètres. Le crâne proprement dit mesure 133 millimètres du foramen occipital à l'intersection des sutures frontale et nasale. Sa dentition est incomplète, il manque une prémolaire et trois arrière-molaires. Ce crâne est conservé au musée du Caire sous le n° 29673.

Quant aux particularités anatomiques du fragment de bassin trouvé à l'intérieur de la momie, elles correspondent parfaitement à celles qui caractérisent le bouc. Le col de l'ilium est, en effet, très allongé comme chez les caprins; la symphyse du pubis est fortement épaissie, ainsi que cela se voit chez les individus mâles, dans toutes les espèces de ruminants.

On ne possède pas d'indications précises sur l'ancienneté de cette momie de bouc, cependant, en tenant compte de l'extrême fragilité de son enveloppe et de son mode de préparation, identiques à ce que nous avons constaté à propos des momies d'ibis de Sakkara[2], il semble qu'on puisse la rattacher à la même époque à laquelle appartiennent les ibis. Elle remonterait donc, comme ceux-ci, à la période assez longue qui va de la XX⁰ dynastie à l'époque grecque.

HIRCUS THEBAICUS, Desm.

Le document nouveau se rattachant à *Hircus Thebaïcus* a été trouvé aussi dans un hypogée de Sakkara. Il se compose de la partie postérieure d'un crâne, y compris le frontal et les axes osseux des cornes. La région faciale manque complètement, de même que la dentition et les deux maxillaires.

Cette race a déjà été signalée dans l'étude précédente, d'après quelques fragments de crânes, elle est, en outre, représentée dans la collection du Musée égyptologique du Caire, par une momie entière.

La chèvre de la Thébaïde ou chèvre à nez busqué se distingue de la mambrine par une

<hr>

[1] Lepsius, t. III, part. II, feuille 9.
[2] D⁰ Lortet et C. Gaillard, *la Faune momifiée de l'ancienne Egypte*, 1⁰ série, p. 110, Lyon, 1903.

taille un peu moindre. Sa tête est de forme très différente : le chanfrein fortement convexe,
surtout chez le mâle, est séparé du front par une dépression bien marquée (fig. 149); la lèvre supérieure laisse les incisives découvertes. Les cornes manquent souvent dans les deux sexes; quand elles existent chez le mâle elles sont petites, légèrement recourbées en arrière et en dehors. *Hircus Thebaïcus* n'a pas de barbiche au menton, ses oreilles sont pendantes, longues environ comme la tête. Le poil, lisse et court, est de longueur à peu près égale sur toute la surface du corps; sa couleur est brun fauve. La femelle diffère du mâle seulement par le manque de cornes et son chanfrein moins bombé.

Fig. 149.— *Hircus Thebaïcus.*

Le fragment de crâne trouvé à Sakkara offre toutes les particularités indiquées plus haut. Les axes osseux des cornes sont petits et courts, le front faiblement convexe est séparé du chanfrein par une dépression bien accusée. Nous avons dit que toute la région antérieure de la tête osseuse fait défaut, on distingue pourtant assez bien, au niveau des arcades orbitaires, la naissance de la convexité qui s'accentue de plus en plus en avant (fig. 150). La longueur du crâne proprement dit, du trou occipital à l'extrémité antérieure de la suture médio-frontale, est de 135 millimètres, son diamètre maximum atteint 121 millimètres sur les orbites.

Comme on le voit par les restes assez nombreux qui en ont

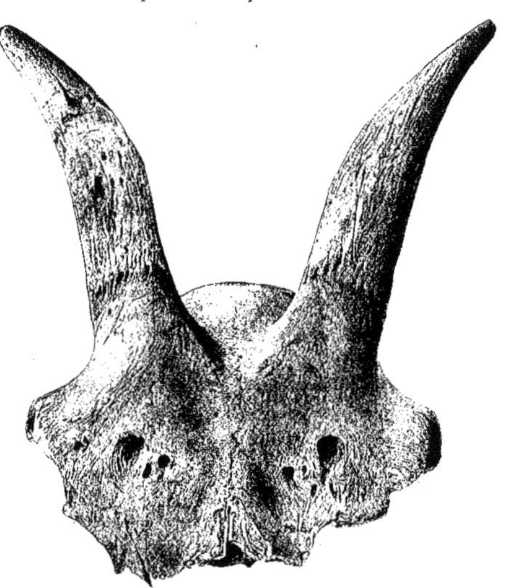

Fig. 150. — *Hircus Thebaïcus.* SAKKARA.

été reconnus, la chèvre de la Thébaïde, n'était pas rare en Égypte aux temps des pharaons. On la trouve encore de nos jours dans presque toute la vallée du Nil.

Fig. 151. — *Hircus reversus.*

HIRCUS REVERSUS

Cette petite race n'a pas encore été rencontrée momifiée. La portion cranienne que nous avons à faire connaître provient, ainsi qu'on l'a indiqué plus haut, des fouilles faites par M. de Morgan dans les dépôts préhistoriques de Toukh, un peu au sud-est d'Abydos, sur la rive gauche du Nil.

Après avoir choisi, parmi les débris osseux de cette provenance, tous les restes se rapportant à des chèvres, il a été possible de reconstituer les parties occipitale, pariétale et frontale de la tête d'un de ces animaux. Les proportions et la forme du crâne restauré sont tout à fait celles qui caractérisent la chèvre naine de l'Afrique.

Cette race, dont la hauteur au garrot atteint à peine 50 centimètres, a le corps trapu et les jambes courtes. Les cornes existent chez la femelle ainsi que chez le mâle, mais elles sont toujours petites, leur longueur ne dépasse pas 10 à 12 centimètres ; elles sont faiblement recourbées en arrière et en dehors. Le poil, de couleur noire ou brun plus ou moins fauve, souvent taché de blanc, est toujours court sur les membres, de même que sur le corps. La tête est large au niveau des orbites, son chanfrein est droit ou légèrement convexe. Le mâle porte une touffe de poils au menton (fig. 151).

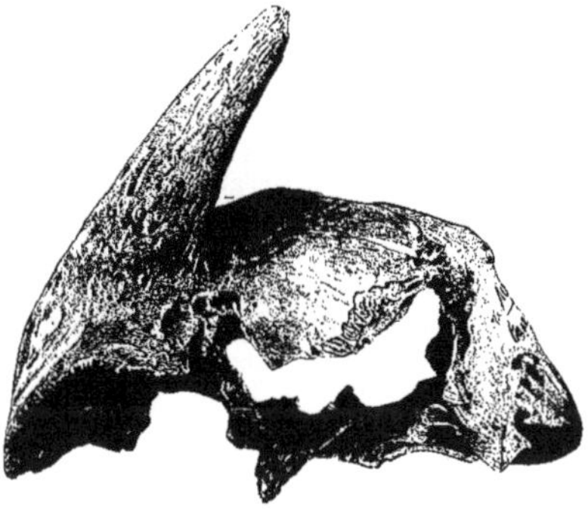

Par sa tête osseuse, *Hircus reversus* se différencie facilement des deux races *Hircus mambricus* et *H. Thebaïcus* citées précédemment. Chez *H. mambricus*

Fig. 152. — *Hircus reversus.* TOUKH.

le front est saillant, les sinus frontaux sont grands, les cornes longues, tandis que chez *H. reversus* les chevilles frontales ont au plus 6 à 7 centimètres de longueur (fig. 152), les sinus frontaux sont à peu près nuls. Ces sinus envoient un diverticule presque jusqu'à l'extrémité de l'axe osseux des cornes. Enfin, le crâne de *Hircus reversus* est fortement élargi à hauteur des arcades orbitaires (fig. 153). Son diamètre en ce point est de 96 millimètres ; sa longueur, du trou occipital à l'extrémité antérieure de la suture médio-frontale atteint seulement 101 millimètres. Quant au crâne de *Hircus Thebaïcus*, il semble intermédiaire, par ses sinus frontaux peu développés et son diamètre orbitaire relativement grand, à ceux de la chèvre naine et de la chèvre mambrine.

Parmi les ossements de Toukh, *Hircus reversus* n'est pas représenté seulement par le crâne qui vient d'être décrit,

Fig. 153. — *Hircus reversus.* TOUKH.

divers autres restes appartiennent aussi à cette race, notamment quelques os de membres et plusieurs axes osseux de cornes d'individus adultes. Certains fragments de crânes portant des traces de coupures anciennes font comprendre que cette petite race servait autrefois à la nourriture des habitants de la vallée.

Les naturalistes pensent que la chèvre naine est originaire de l'Afrique centrale. Actuellement elle est commune, en effet, sur les bords du haut Nil et surtout dans les pays qui s'étendent à l'ouest du Nil Blanc. L'élevage de ces chèvres ne demande pas de grands soins, elles paissent librement autour des habitations et dans les forêts avoisinantes où elles se nourrissent des feuilles des arbres. Brehm a vu quelques-uns de ces animaux grimper le long des troncs inclinés de grands mimosas et se mouvoir à leur aise au milieu des branches pour atteindre les feuilles.

Hircus recersus paraît être une race purement africaine. Les débris de cuisine du kjœkkenmœdding de Toukh prouvent qu'à l'époque néolithique elle fournissait déjà une contribution importante à l'alimentation des habitants.

Sur les monuments de l'ancienne Égypte, nous ne connaissons pas de représentations animales pouvant être identifiées sans aucun doute avec la chèvre naine. La seule figuration qui puisse lui être attribuée nous a été obligeamment communiquée par M. le professeur Loret; elle offre les principaux caractères de *Hircus reversus*, mais le chanfrein est beaucoup plus busqué. Cette figure remonte à l'époque de Nâr-mer, deuxième roi de la Ire dynastie.

OISEAUX

Dans la première partie de cette étude on a pu identifier trente-huit espèces d'oiseaux momifiés, parmi lesquelles sont représentés vingt-six rapaces diurnes, cinq nocturnes, deux ibis et cinq formes diverses. Un certain nombre de documents nouveaux sont venus augmenter la série déjà importante des espèces reconnues.

Les derniers envois du Musée égyptologique du Caire comprennent deux exemplaires d'oiseaux de proie *(Falco Babylonicus,* Gurney) des environs de Rôda, une oie *(Anser albifrons,* Gur.) du tombeau de Maher-Pra et, surtout, une grande quantité d'ossements de rapaces, de vautours notamment, trouvés dans un tombeau très ancien situé près de Zaouiet-el-Aryàn, dans le voisinage et un peu au sud de Gizé, sur la rive gauche du Nil[1]. Suivant les indications de M. Maspero, ces ossements étaient avec des vases en albâtre grossier. Le savant directeur du service des antiquités égyptiennes ne peut dire si ces restes proviennent d'oiseaux momifiés, il ne le croit pas.

Les ossements se rapportent à plus de soixante individus de quatre espèces différentes : *Gyps fulvus,* Brisson ; *Otogyps auricularis,* Daudin ; *Neophron percnopterus,* Linné, et *Aquila imperialis,* Bechstein.

Aux envois du musée du Caire nous avons ajouté un certain nombre de momies provenant de Louxor et d'Assouan, ainsi que divers ossements recueillis par l'un de nous à Thèbes, dans la vallée des Singes, à l'intérieur de quelques tombes de cynocéphales.

Nous ne décrirons pas les spécimens provenant de Louxor et d'Assouan. Ils se composent de formes déjà reconnues et n'offrent rien de particulier au point de vue de la momification, si nous exceptons deux petits falconidés de Louxor qui ont été disposés, sous une forte toile jaunâtre, d'une manière un peu différente de celle qu'on a vue jusqu'à présent. Comme chez quelques ibis[2], la tête de ces rapaces est ramenée sur le sternum ; elle fait une forte saillie dans l'axe du corps, alors que d'habitude elle a été laissée dans sa position naturelle.

En ce qui concerne les os d'oiseaux trouvés associés aux momies de singes de la nécropole de Thot, nous avons pu identifier quelques restes du grand vautour, *Otogyps auricularis* rencontré déjà à Zaouiet-el-Aryàn, ainsi que des crânes et rayons de membres de la sarcelle com-

---

[1] Dans l'étude de la première série de documents relatifs à la *Faune de l'ancienne Egypte,* les oiseaux de proie indiqués comme provenant de Gizé ont été trouvés, d'après les indications de M. Daressy, dans un puits de Zaouiet-el-Aryàn.

[2] D' Lortet et C. Gaillard, *la Faune momifiée de l'ancienne Eyypte,* p. 117, fig. 63 et 65.

mune *(Querquedula crecca,* Linné) et de la sarcelle d'été *(Querq. circia)* non encore signalées dans la faune de l'Égypte ancienne.

Tous ces documents de Zaouiet-el-Aryân, de Rôda et de la vallée des singes sont examinés plus loin dans leur ordre zoologique.

GYPS FULVUS, Brisson.
(Fig. 154 à 160).

Vultur fulvus, Brisson, *Ornithologie,* I, p. 462, 1760. — Gould, *Birds of Europe.,* I, pl. I, 1837.
Gyps vulgaris. Savigny, *Système dss oiseaux d'Egypte* (Description de l'Egypte, t. XXIII, p. 232, 1828)
Gyps fulvus, Shelley, *The Birds of Egypt.,* p. 210, 1872. — Bowdler Sharpe, *Cat. Brit. Museum,* vol. I, p. 5, 1874.

Le mot arabe *Nesr,* qui a été traduit le plus souvent par *Aquila,* sert en Egypte, d'après Savigny, à désigner les grands vautours, en particulier le vautour fauve.

Ce rapace est le plus abondamment représenté parmi les os anciens de Zaouiet-el-Aryân. Outre de nombreux sternums, bassins, métatarsiens, humérus et rayons de divers membres, nous avons compté cinquante-trois têtes osseuses de cette espèce. La forme et les proportions des ossements permettent de reconnaître, sans le moindre doute, le vautour commun, *Gyps fulvus,* dont la morphologie générale peut être ainsi résumée.

Bec allongé, un peu étranglé en avant de la cire. Narines longues et presque transversales. Hauteur du bec vers le bord antérieur de la cire, égale à la longueur de la cire. Bords inférieurs du maxillaire onduleux.

Tarse plus court que le doigt médian, emplumé en avant sur le tiers supérieur de sa longueur.

Tête et cou recouverts d'un léger duvet grisàtre. Le dessus du corps et des ailes d'un gris fauve, les faces inférieures un peu plus rousses. Bec brun jaunàtre, cire bleuàtre, tarses gris cendré.

Chez les jeunes, la tête et le cou sont recouverts d'un duvet blanc, les plumes des faces supérieures et inférieures sont brun roussâtre.

Longueur du tarse (prise sur le squelette) 0,092 à 0,110 millimètres; longueur du doigt médian sans ongle, 0,105 à 0,112 millimètres.

L'habitat de *Gyps fulvus* est assez étendu. On rencontre ce rapace dans tout le sud et l'orient de l'Europe, ainsi que dans le nord-est de l'Afrique. Nous en avons remarqué de grandes troupes sur les bords du canal de Suez.

Les naturalistes signalent cette espèce comme très abondante dans toute l'Egypte et la Nubie. Shelley a vu des centaines d'individus, aux environs d'Edfou, tournoyant dans l'air au-dessus d'un chameau mort. Le même auteur les a observés par paires, dans les montagnes d'Abou-Fayda, à l'époque où ces oiseaux font leur nid, c'est-à-dire vers la fin d'avril[1].

Deux autres rapaces de la taille environ de *Gyps fulvus* vivent également dans la vallée du Nil. Ce sont : *Vultur monachus,* Linné, ou vautour noir, et *Gypaetus ossifragus,* Savigny, mais, d'après les renseignements que nous devons à l'amabilité de M. le professeur Walter Innes, du Caire, ces espèces y sont beaucoup plus rares. Elles ne peuvent être confon-

---

[1] Shelley, *Birds of Egypt,* p. 210.

dues avec *Gyps fulvus* soit qu'on examine leur livrée, soit qu'on ait à comparer leur squelette. *Gypaetus ossifragus* ni *Vultur monachus* ne sont représentés dans la série d'ossements anciens de Zaouiet-el-Aryân.

Le squelette du *Gyps fulvus* ancien n'a pu être reconstitué totalement; on en retrouve bien les parties principales, mais les phalanges, les vertèbres et les côtes font défaut. Comparées au squelette moderne d'un gypaète barbu de la Corse, les pièces osseuses du vautour fauve de l'ancienne Égypte se distinguent par des dimensions un peu plus élevées et de nombreuses différences anatomiques. Le tableau suivant rend compte des variations de proportions dans ces deux types ; la nature de leurs différences morphologiques est indiquée plus loin brièvement.

Les dimensions relatives à *Gyps fulvus* sont celles des pièces représentées page 287 (fig. 154 à 160) ; les mesures de *Gypaetus barbatus* ont été prises sur un squelette de la collection du Muséum de Lyon.

	Gyps fulvus ancien Zaouiet-el-Aryân	*Gypaetus barbatus* moderne Corse
Longueur totale de la tête osseuse, de l'occiput à l'extrémité antérieure de la mandibule.	140	145
Longueur du crâne du frontal à l'occiput.	62	66
Longueur de la mandibule supérieure en suivant la courbure du bec.	84	93
Largeur maximum du crâne, sur les apophyses postorbitaires.	53	68
— interorbitaire	27	25
Longueur du sternum, de l'apophyse épisternale au bord postérieur.	153	122
Largeur maximum du sternum en avant.	82	92
— du sternum en arrière	72	
Longueur totale de l'humérus.	225	224
— totale du cubitus, jusqu'à l'extrémité de l'olécrâne	297	261
— du bassin	130	130
Largeur antérieure du bassin.	56	57
— du bassin, en arrière des cavités cotyloïdes	68	71
Longueur du tarso-métatarsien	106	95

La tête osseuse de *Gyps fulvus* est très allongée, notamment dans la région mandibulaire. Celle-ci est divisée en deux parties à peu près égales par un étranglement assez marqué, à la limite de la cire et du bec proprement dit. Les narines, ouvertes suivant une direction transversale, sont protégées latéralement par une lame osseuse soudée au maxillaire et au nasal. Cette particularité se remarque aussi chez les vautours des genres *Otogyps* et *Pseudogyps ;* elle sert à distinguer à première vue les têtes osseuses de ces animaux de celles qui appartiennent aux rapaces des genres *Neophron, Sarcoramphus* ou *Gypaetus*, dont les narines non ossifiées s'ouvrent dans un sens longitudinal.

Rien à signaler à propos de la mandibule inférieure de *Gyps fulvus* si ce n'est le faible écartement des deux branches qui font un angle très aigu, au lieu que, chez le gypaète et l'oricou, elles forment un angle beaucoup plus ouvert par suite de la plus grande largeur du crâne dans la région occipitale.

Le sternum du vautour fauve est très long d'avant en arrière, son bréchet se termine à quelque distance du bord inférieur ainsi que chez les gypaètes, les aigles et les buses, mais il est bien moins élevé que chez ces derniers. De plus, chez *Gyps fulvus*, le bréchet commence à 2 ou 3 centimètres en arrière de l'apophyse épisternale, tandis qu'il part du niveau de celle-ci chez les buses ou les aigles et seulement d'une faible distance chez le gypaète barbu. Par la disposition et le développement du bréchet, le gypaète est donc intermédiaire entre les aigles et les vautours. Toutefois, le sternum de *Gypaetus barbatus* offre des proportions d'ensemble très particulières, sa largeur est bien plus grande relativement que chez la plupart des oiseaux de proie.

Dans le sternum de *Gyps fulvus*, les articulations costales, au nombre de cinq seulement, occupent à peine la moitié de la longueur antéro-postérieure. Nous signalerons enfin une particularité qui différencie le sternum des *Gyps*, *Otogyps* et *Gypaetus* de celui de tous les oiseaux de proie diurnes y compris les néophrons ou percnoptères : chez la généralité des rapaces, la largeur du sternum, mesurée en arrière, au niveau des apophyses hyposternales, est plus élevée que la largeur antérieure, au lieu que tous les spécimens examinés des genres *Gyps*, *Otogyps* et *Gypaetus* présentent des proportions inverses, le plus grand diamètre du sternum est toujours en avant, sur les apophyses hyposternales.

Les rayons de l'aile diffèrent très peu d'un genre à l'autre dans les oiseaux de proie. L'humérus du vautour fauve paraît plus pneumatisé que celui des aigles, des buses et des faucons ; l'orifice de la fosse sous-trochantérienne est plus grand. Quant au cubitus, également creusé de cavités aérifères, il porte deux orifices pneumatiques ; le premier est situé vers l'extrémité proximale, en arrière de l'articulation humérale, le second se trouve à l'autre extrémité au fond de la dépression articulaire radiale. Ces orifices du cubitus n'ont pas été remarqués en dehors des vautours.

Le bassin de *Gyps fulvus* est semblable dans sa forme générale à celui de la plupart des rapaces diurnes. Toutefois les bords supérieurs de l'iliaque se rejoignent sur l'axe vertébral, alors qu'ils restent séparés de 12 millimètres dans le bassin de *Gypaetus barbatus*. A la face inférieure nous voyons parfois, sous la première vertèbre sacrée de *Gyps fulvus* une longue crête osseuse, élargie et bifide à son extrémité ; cette crête manque totalement chez un certain nombre de spécimens se rapportant néanmoins à des individus adultes de même espèce. M. Milne-Edwards signale une légère crête sous les premières vertèbres sacrées du gypaète[1] ; un squelette d'individu mâle de *Gypaetus barbatus*, qui fait partie de la collection du Muséum de Lyon, ne présente pas trace de crête. Il s'agit probablement là, de même que chez *Gyps fulvus*, de variations individuelles et sexuelles.

Le fémur et le tibia du vautour fauve sont également assez variables. Le métatarsien est très élargi, notamment vers l'extrémité supérieure. Les deux crêtes du talon sont bien développées ; l'externe, un peu moins haute mais plus épaisse que la crête interne, est parallèle à cette dernière au lieu d'être déjetée en dehors comme chez *Gypaetus* et *Aquila*. L'empreinte tibiale se trouve immédiatement au-dessous des deux pertuis supérieurs, dans l'axe du rayon osseux ; chez les aquilidés, en général, elle est un peu plus bas, plus près du bord externe, tandis que dans le groupe des faucons l'insertion du tibial antérieur est placée près du bord interne du métatarsien. La trochlée digitale interne de *Gyps fulvus* est de même longueur que la trochlée médiane, parfois elle la dépasse même un peu ; chez *Gypaetus barbatus*, au contraire, la trochlée digitale interne est plus courte que la trochlée médiane.

---

[1] Milne-Edwards, *oiseaux fossiles de France*, vol. II, p. 426.

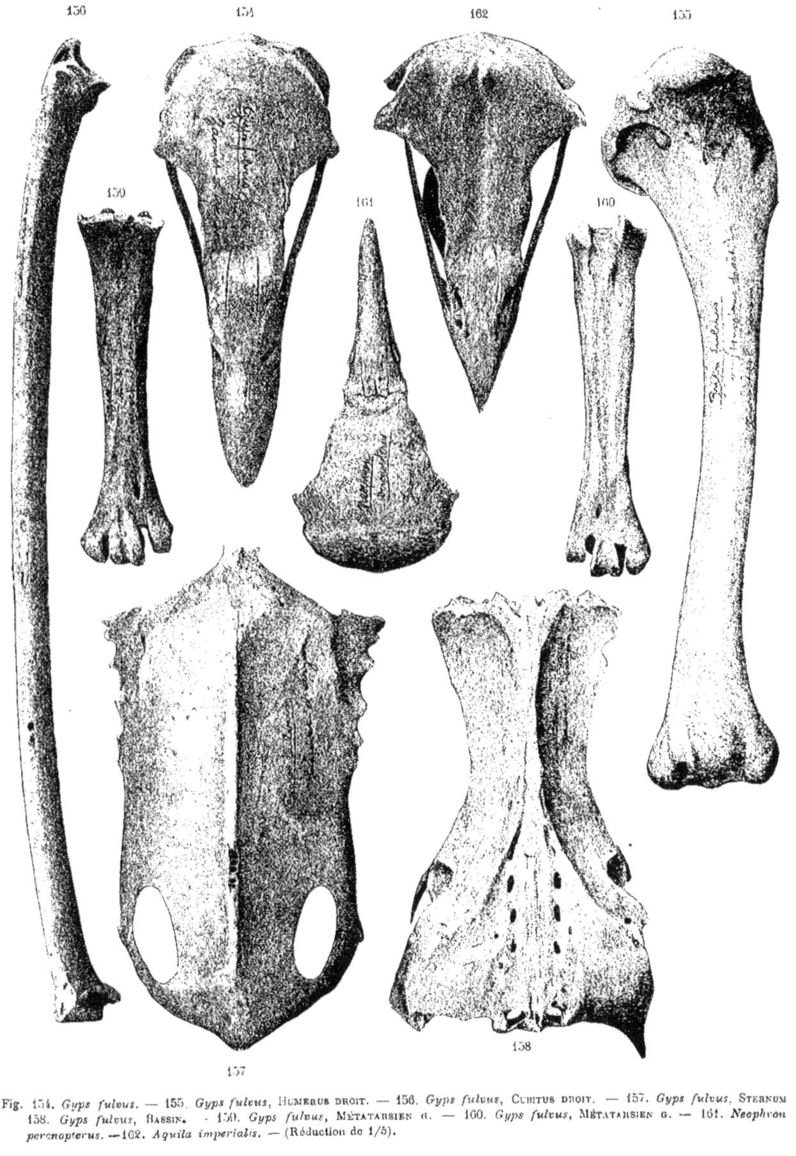

Fig. 154. *Gyps fulvus*. — 155. *Gyps fulvus*, Humerus droit. — 156. *Gyps fulvus*, Cubitus droit. — 157. *Gyps fulvus*, Sternum 158. *Gyps fulvus*, Bassin. — 159. *Gyps fulvus*, Métatarsien g. — 160. *Gyps fulvus*, Métatarsien g. — 161. *Neophron percnopterus*. — 162. *Aquila imperialis*. — (Réduction de 1/5).

En résumé, le squelette de *Gyps fulvus* se différencie de celui des divers rapaces par le crâne, le sternum et surtout le métatarsien.

Au point de vue égyptologique, nous nous bornerons à rappeler que le vautour était un des principaux animaux sacrés des Pharaons, il était consacré à la déesse Mout, femme d'Amon et mère de Khonsou auxquels un temple avait été élevé, à Thèbes, par Aménophis III. Les figurations du vautour sont très communes sur les monuments du nouvel et du moyen Empire. On voit, quelquefois également, les reines des anciens Pharaons représentées avec une coiffure en forme de vautour. Ainsi, l'oiseau sacré, qui veillait à la sécurité du roi sur le champ de bataille, étendait aussi ses ailes protectrices sur la tête de la reine.

OTOGYPS AURICULARIS, Dandin.
(Fig. 163 à 170).

Oricou, Levaillant, *Histoire naturelle des oiseaux d'Afrique*, t. I, p. 36, pl. IX, Paris, 1799.
Vultur auricularis, Daudin, *Traité*, t. II, 1800.
Otogyps auricularis, Gray, *Genera of Birds*, t. I, p. 6, 1844. — Shelley, *The Birds of Egypt*, p. 209, London, 1872. — Bowdler Sharpe, *Cat. Brit. Museum*, vol. I, p. 13, London, 1874.

Les ossements d'*Otogyps auricularis*, quoique moins communs que ceux du Vautour fauve, n'étaient pas rares à Zaouiet–el–Aryân. On y a reconnu un assez grand nombre de sternums, humérus, cubitus, bassins, fémurs, métatarsiens, etc., et seize crânes assez bien conservés de cette espèce. Quelques fragments de crânes et divers os de membres de ce grand vautour ont également été trouvés mêlés aux momies de cynocéphales dans les tombes de la vallée des Singes, à Thèbes. Tous ces restes osseux sont débarrassés des substances qui servaient à la momification et de toutes traces des parties molles ; leurs formes et leurs dimensions se rapportent parfaitement au vautour oricou dont les caractères spécifiques sont indiqués ci–après.

Tête très grande, élargie dans la région occipitale ; bec long et fort ; narines ovales, allongées dans le sens transverse ; bords inférieurs du maxillaire onduleux.

Tarse plus long que le doigt médian, couvert de duvet blanchâtre sur la moitié de sa longueur.

Tête et une partie du cou nues, peau de couleur rosée passant au bleu violacé vers le bec et au blanc près des oreilles ; gorge noire. Les plumes de la face supérieure du corps, des ailes et de la queue sont d'un brun sombre, bordé d'une teinte plus claire. Les cuisses, les jambes et la face inférieure sont couvertes d'un duvet blanc et de longues plumes brun clair. Bec de couleur cornée à sa base et sur les côtés, avec sommet plus foncé. Tarses et doigts couverts d'écailles gris jaunâtre. Œil brun foncé.

Longueur du tarse (prise sur le squelette) 138 millimètres ; longueur du doigt médian 125 millimètres.

Otogyps auricularis habite l'Afrique depuis le nord–est jusqu'au cap de Bonne–Espérance. Il a même été signalé dans le sud de l'Europe, mais exceptionnellement.

Suivant Heuglin, l'Oricou est commun en Nubie, il est moins fréquent dans la Haute-Égypte et rare dans les parties moyennes de la vallée. Ces indications nous ont été confirmées récemment par M. le Dr Walter Innes, du Caire.

D'après Levaillant qui l'a décrit et figuré le premier, *Otogyps auricularis* est un oiseau

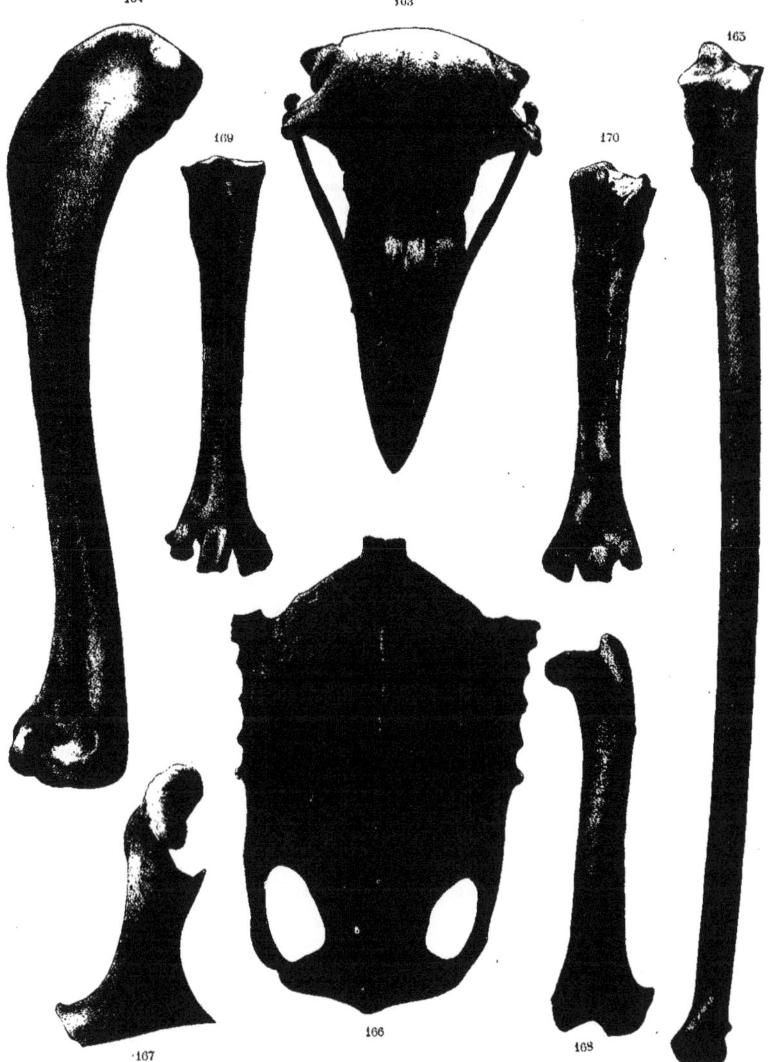

Fig. 163. *Otogyps auricularis*. — 164. *Otog. auricularis*, HUMÉRUS DROIT. — 165. *Otog. auricularis*, CUBITUS GAUCHE. — 166. *Otog. auricularis*, STERNUM. — 167. *Otog. auricularis*, CORACOÏDIEN DROIT. — 168. *Otog. auricularis*, FÉMUR GAUCHE. — 169. *Otog. auricularis*, MÉTATARSIEN DROIT. — 170. *Otog. auricularis*, MÉTATARSIEN DROIT. - (Réduction de 1/4).

de montagne. Il niche, en octobre, dans les cavernes et les larges anfractuosités des rochers, où la femelle pond deux œufs, rarement trois. En janvier les petits sont tous éclos.

On ne connaît qu'une seule espèce africaine d'*Otogyps*. Une seconde forme du même genre, *Otogyps calvus*, habite l'Inde. Celle-ci est notablement plus petite que *Otogyps auricularis* à laquelle appartiennent sans le moindre doute, les crânes et ossements du tombeau ancien de Zaouiet-el-Aryân. Les dimensions des pièces osseuses, représentées (fig. 163 à 170), réduites d'un quart environ, sont indiquées plus loin.

	Otogyps auricularis Ancien tombeau de Zaouiet-el-Aryân
Longueur totale de la tête osseuse, de l'occiput à l'extrémité antérieure de la mandibule.	147[mm]
Longueur de la capsule cranienne, du front à l'occiput	72
— de la mandibule supérieure, en suivant la courbure du bec	103
Largeur maximum de la tête, sur les apophyses postorbitaires.	82
— interorbitaire	41
Longueur du sternum, de l'apophyse épist. au bord postérieur.	158
Largeur maximum du sternum, en avant	100
— maximum du sternum, en arrière.	76
Longueur totale de l'humérus.	252
— totale du cubitus, jusqu'à l'extrémité de l'olécrâne	340
— totale du bassin	132
Largeur antérieure du bassin	63
— du bassin, en arrière des cavités cotyloïdes	78
Longueur du tarso-métatarsien	138

Par ses proportions générales, le crâne d'*Otogyps auricularis* se distingue bien de celui de *Gyps fulvus*. Les deux têtes osseuses ont environ la même longueur, mais leur diamètre transverse est très différent. Chez le vautour fauve il est de 53 millimètres, alors qu'il atteint 82 millimètres chez l'Oricou. La grande largeur postorbitaire donne au crâne de ce dernier un aspect très particulier qui le différencie à la fois du crâne des *Gyps* et *Vultur* et de celui des *Gypaètes*.

Chez l'Oricou on voit, en outre, au centre de l'orifice nasal, un tubercule osseux qui manque totalement aux autres vulturidés.

En ce qui concerne la morphologie du sternum, du bassin et des rayons des membres du vautour oricou, elle a été indiquée plus haut comparativement avec celle de *Gyps fulvus*. Les principaux caractères ostéologiques différentiels, signalés entre le vautour fauve et les rapaces en général, se retrouvent chez l'Oricou. Ce dernier se distingue de *Gyps fulvus* surtout par son crâne large et triangulaire ainsi que par ses métatarsiens beaucoup plus grêles.

L'Oricou, dont la taille égale environ celle du Condor, est signalé pour la première fois parmi les animaux de l'Égypte pharaonique. Nous ne connaissons aucune figuration ancienne de ce rapace.

NEOPHRON PERCNOPTERUS, L.
(Fig. 161, p. 287).

Vultur percnopterus, Linné, *Syst. nat.*, I, p. 123, 1766.
Neophron percnopterus, Savigny, Oiseaux d'Egypte, *Description de l'Egypte*, t. XXIII, p. 239, Paris, 1828. — Gould, *Birds of Europe*, t. I, pl. III, London, 1837. — Shelley, *Birds of Egypt*, p. 211, London, 1872. — B. Sharpe, *Cat. Brit. Museum*, vol. I, p. 17, 1874.

Cette espèce était représentée par un seul crâne dans le tombeau de Zaouiet-el-Aryân.

Néanmoins, les caractères craniens du Percnoptère sont assez particuliers pour permettre une détermination zoologique certaine.

Neophron percnopterus est beaucoup plus petit que les oiseaux de proie des genres précédents. Sa morphologie générale, résumée plus loin, est bien différente aussi.

Tête moyenne. Bec long, grêle et presque droit, la crête supérieure étant à peu près dans le même plan que le dessus de la tête. Narines allongées dans le sens longitudinal. Bords inférieurs du maxillaire légèrement concaves.

Tarses plus longs que le doigt médian sans ongle, nus sur toute la longueur, sauf l'articulation.

Tête et cou dénudés en avant, peau de couleur jaune. Nuque et partie postérieure du cou ornées de longues plumes jaunâtres. Tout le corps couvert d'un plumage blanc, taché de jaune et de roux, rémiges noires. Bec brun et cire jaune. Tarses et doigts rouge violacé. Iris orangé.

Les jeunes individus ont un plumage entièrement brun noirâtre ou roussâtre. Les parties du cou et de la tête, qui sont nues chez l'adulte, sont couvertes chez le jeune d'un fin duvet gris ou brun. La cire et les pieds sont de couleur gris cendré.

Suivant Shelley et Sharpe, la longueur du tarse atteint 88 millimètres, la longueur du doigt médian sans ongle est de 70 millimètres environ.

Le crâne de Percnoptère, trouvé dans le tombeau de Zaouiet-el-Aryàn, a les dimensions suivantes.

	Neophron percnopterus Ancien tombeau de Zaouiet-el-Aryán
Longueur totale de la tête osseuse, de l'occiput à l'extrémité antérieure de la mandibule. . .	113^{mm}
— de la capsule cranienne, du front à l'occiput	53
— de la mandibule supérieure, en suivant la courbure du bec	66
Largeur maximum du crâne, sur les apophyses postorbitaires	48
— interorbitaire	29

Ces quelques mesures prouvent que le Percnoptère a en effet, comme nous le disions plus haut, des proportions bien plus modestes que la plupart des autres vautours. La forme de son crâne (fig. 161) est très particulière également.

A propos du crâne de *Gyps fulvus* et d'*Otogyps auricularis*, nous avons indiqué que les narines de ces rapaces sont protégées latéralement par une lame osseuse soudée au maxillaire, tandis que chez *Neophron percnopterus*, de même que chez *Sarcoramphus* et *Gypaetus*, les cavités nasales sont largement ouvertes à l'extérieur. De plus, lorsqu'on examine de profil la tête osseuse du Percnoptère, on voit le jugal former avec le bord inférieur du maxillaire et du prémaxillaire un angle assez prononcé, alors qu'ils se continuent suivant une ligne à peu près droite chez *Gyps*, *Otogyps* et *Gypaetus*. Ces différences, ainsi que la gracilité particulière du bec, permettent de reconnaitre le crâne du Percnoptère au premier examen.

Neophron percnopterus habite de nos jours tout le littoral de la Méditerranée et de la mer Rouge. On le rencontre en Perse également, ainsi que dans les régions bordant le golfe Persique et la péninsule Indienne.

Ce vautour est très abondant en Nubie et dans toute l'Egypte où il niche principalement sur les montagnes escarpées qui bordent la vallée du Nil. Il y est connu, suivant Shelley, sous le nom arabe de « Racham ». *Neophron percnopterus* est cité parfois également sous les noms de *Vautour d'Egypte*, *Alimosch* ou bien encore *Poule des Pharaons*. Il est représenté sur plusieurs monuments de l'Egypte ancienne.

AQUILA IMPERIALIS, Bechstein.
(Fig. 162, page 287).

Falco imperialis, Bechst. *Taschen Vög. Deutschland*, III, p. 553 (1801).
Aquila heliaca, Savigny, *Description de l'Egypte*, t. XXIII, p. 319 (1828). — Gould, *Birds of Europe*, pl. V,
    (1837). — B. Sharpe, *Cat. of the Accip. Brit. Mus.*, p. 238 (1874).
Aquila imperialis, Shelley, *Birds of Egypt*, p. 205 (1872). — Lortet et Gaillard, *la Faune momifiée de l'an-*
    cienne Egypte, p. 140 (1903).

Outre les trois espèces de Vulturidés qui viennent d'être sommairement décrites, nous avons reconnu, dans la grande quantité d'ossements du tombeau de Zaouiet–el–Aryàn, quelques os de membres et deux crânes d'un aigle de grande taille, *Aquila imperialis*.

L'aigle impérial ou aigle de Thèbes a déjà été signalé dans la première série de cette étude, d'après deux spécimens momifiés trouvés, l'un aux environs de Rôda, à Tell-el-Amarna, l'autre à Kôm-Ombo. C'est grâce au squelette extrait de l'une de ces momies qu'on a pu effectuer facilement l'identification spécifique des deux crânes trouvés associés à des ossements de vautours.

Dans le travail précédent nous avons indiqué, avec les caractères morphologiques géné-raux, les principales différences qui servent à distinguer l'aigle impérial d'une forme voisine, *Aquila fulva*. On sait qu'*Aquila imperialis* diffère de l'aigle fauve par la forme des narines, la couleur des plumes de la nuque et surtout par les proportions des tarses et des doigts.

Les dimensions de l'un des crânes d'*Aquila imperialis* trouvés à Zaouiet–el–Aryàn (fig. 162) sont les suivantes. Nous les plaçons en regard de celles relevées sur le crâne d'un aigle de même espèce momifié à Tell-el-Amarna (Rôda) et sur celui d'un spécimen moderne de l'espèce *Aquila fulva*.

	Aquila inperialis		*Aquila fulva*
	Ancien tombeau de Zaouiet-el-Aryàn	Momifié à Rôda	Moderne France
Longueur totale de la tête osseuse, de l'occiput à l'extrémité antérieure de la mandibule.	116	115	114
Longueur de la capsule cranienne du front à l'occiput	64	63	69
— de la mandibule supérieure, en suivant la courbure du bec	75	76	73
Largeur maximum de la tête sur les apophyses post-orbitaires.	62	62	63
— interorbitaire.	26	25	25

Ces mesures montrent que la tête osseuse a environ la même grandeur dans les deux espèces. Mais, ainsi que nous l'avons déjà remarqué précédemment, le bec et la région maxil-laire sont plus développés proportionnellement chez *Aq. imperialis* que chez *Aq. fulva*. La capsule cranienne est au contraire plus grande chez l'aigle fauve.

La comparaison des divers rayons du squelette momifié indique que l'aigle impérial de l'ancienne Egypte était une forme moins spécialisée que l'aigle fauve actuel. La longueur des doigts qui, chez les oiseaux de proie peut servir à mesurer le degré relatif de rapacité, est bien plus élevée chez l'aigle fauve que chez l'aigle impérial.

Aq. imperialis se rencontre dans le sud–est de l'Europe, le nord de l'Afrique et une partie de l'Asie. En hiver, il se montre dans le delta du Nil, mais il est beaucoup plus rare au sud du Caire.

FALCO BABYLONICUS, Gurney.
(Fig. 171).

Falco peregrinoides, Hodgs, in *Gray's zool. Miscell.*, p. 81 (1844).
Falco babylonicus, Gurney, Notes on Birds observed in ondh and Kumaon *(Ibis*, p. 218, pl. VII, 1861). — Gould, *Birds of Asia*, t. 1, pl. IV (1868) — Shelley, *Birds of Egypt*, p. 189 (1872). — B. Sharpe, *Cat. of the Accipitres Brit. Mus.*, p. 387 (1874). — Lortet et Gaillard, *la Faune momifiée de l'ancienne Egypte*, p. 150 (squelette pl. VI), 1903.

Cette espèce est fréquente parmi les oiseaux momifiés. Elle a été signalée dans la série précédente d'après plusieurs spécimens provenant, les uns de Tell–el–Amarna, aux environs de Rôda, les autres de Kôm–Ombo ainsi que d'un puits de Zaouiet–el–Aryân à 3 ou 4 kilomètres au sud du sphinx de Gizé.

A cette même forme de faucons, appartiennent deux momies de Tell–el–Amarna, reçues cette année par le Muséum de Lyon, grâce à l'obligeance de M. Maspero, directeur général du service des antiquités égyptiennes.

Elles sont protégées de bandelettes croisées les unes au–dessus des autres, entièrement imbibées de résine formant autour de l'oiseau une enveloppe compacte et très résistante qui atteint une épaisseur de 2 à 3 centimètres. Ces deux momies d'oiseaux de proie, longues de 35 centimètres, ne présentent aucun ornement extérieur ; les dernières bandes sont simplement enroulées dans le sens transversal et nouées l'une à l'autre. Mais nous avons vu, dans les collections du musée du Caire (nᵒˢ 29682, 29684, 29689) plusieurs momies d'oiseaux du même groupe ingénieusement ornées de dorures et de figures géométriques formées par des entre-croisements de bandelettes multicolores, jaunes, brunes et noires.

Afin de connaître la disposition du corps des oiseaux de proie à l'intérieur de leurs linges, nous avons fait deux incisions longitudinales et dégagé une à une les nombreuses bandes de toile superposées qui protégeaient l'une de ces momies. La figure 171 nous montre cette disposition. Comme on le voit, les ailes sont serrées contre le corps, les pattes sont allongées. On sait que parfois, mais plus rarement, les tarses ont été repliés sur les jambes et les doigts ramenés près du sternum, entre le corps et les ailes.

L'examen attentif du crâne et des membres de ces deux oiseaux de proie a permis de reconnaître des individus adultes de l'espèce *Falco babylonicus*. La morphologie générale de ce faucon, résumée déjà dans la précédente étude, est la suivante :

Bec court, épais, à crête peu arrondie, armé d'une dent latérale aiguë. Narines rondes avec un tubercule central. Tarse trapu, emplumé sur les 2/5 de sa longueur environ, réticulé devant et derrière. Doigt médian bien plus long que les latéraux, à peu près égal au tarse. Doigt externe notablement plus grand que le doigt interne.

Falco babylonicus a la tête et la nuque rousses ou gris roussâtre ; le dos et le dessus des ailes gris bleu ; les faces inférieures roux clair, ponctuées de brun au-dessous de la gorge. Cire et tarses jaunes.

Chez le spécimen représenté figure 171, le tarse mesure 51 millimètres, la longueur du doigt médian sans ongle est de 49 millimètres.

En ce qui concerne le squelette de *F. babylonicus*, nous avons vu qu'il parait intermédiaire au point de vue de la taille et du développement relatif des tarses et des doigts, entre le squelette de *F. Feldeggi* et celui de *F. peregrinus*.

Falco babylonicus habite, suivant Sharpe, le nord-est de l'Afrique, la Mésopotamie, l'Asie centrale, le Turkestan et le nord-ouest de l'Inde jusqu'au Népaul.

Il est assez commun en Nubie et en Egypte où on le remarque surtout dans les plantations de palmiers et autour des Pyramides ou des temples en ruines.

Fig. 171. — *Falco Babylonicus.* Tel-el-Amarna.

Cette espèce de Faucon est une de celles qui rappellent le plus certaines figurations anciennes de l'oiseau sacré d'Horus. Les égyptologues ont montré que, suivant les époques et les régions, le Faucon eut, aux yeux des Egyptiens, plusieurs significations différentes. Primitivement, l'oiseau sacré représentait soit Horus, le roi légendaire de l'Egypte, soit la tribu horienne. Plus tard, le Faucon fut l'emblème de *Râ*, ou d'*Aroêris*, le soleil. Enfin, pendant une longue période de l'histoire égyptienne, il symbolisa aussi l'âme des morts.

Depuis quelque temps on a cherché à savoir, d'après les figurations et les textes anciens, quel pouvait être en propre l'oiseau d'Horus.

Pour Wilkinson[1], le Faucon sacré de Râ, adoré à Héliopolis et autres lieux, serait le Hobereau, *Falco subbuteo*, qu'il nomme *Falco aroêris*.

Antérieurement, Heuglin[2] a donné le nom de *Falco Horus* au *Falco concolor* de Temminck.

[1] Wilkinson, *the ancient Egyptians*, vol. III, p. 261, 1878.
[2] Heuglin, *Ibis*, p. 409, 1860.

Hierofalco Saker, qui est connu des Arabes sous le nom de *Sakkr–el–hor*[1], a été aussi considéré comme le faucon sacré d'Horus. Il est utilisé pour la chasse de la gazelle depuis une époque très ancienne. Son nom de *Saker* et non pas sacer, vient du mot *Sakkr*, par lequel les Arabes désignent les faucons en général.

Pour M. V. Loret[2], le faucon sacré d'Horus est le faucon pèlerin, *Falco peregrinus*, que les Arabes de la Palestine nomment suivant Tristram : *Tir–el–hor*.

Bien que *Falco peregrinus* se reconnaisse à sa livrée et, à défaut, aux proportions de ses membres, il n'a pas été rencontré jusqu'à présent dans les collections d'oiseaux momifiés examinés à Lyon. Peut-être le trouvera-t-on plus tard. Peut-être aussi cette forme très évoluée, très spécialisée, n'était-elle pas encore réalisée à l'époque pharaonique telle que nous la voyons aujourd'hui.

D'après M. Loret, qui a recherché dans les textes anciens la description du faucon d'Horus, cet oiseau avait « le dos et les ailes verts ou bleus, ce qui est la manière des Égyptiens de rendre le gris ardoise cendré ; la *tête*, le cou, la poitrine, le ventre, les pattes *blancs*. Le ventre ordinairement moucheté de courtes rayures rougeâtres. Le dessus de la tête *gris* et l'œil entouré de larges taches noires ».

Cette description se rapporte certainement, ainsi que le pense M. Loret, non à l'épervier, mais au faucon. Le faucon commun a, en effet, le dos et les couvertures des ailes gris ardoisé, bleuâtre ou verdâtre; ses yeux sont aussi entourés de larges taches noires. On ne peut faire qu'une objection à propos de la tête : au lieu d'être blanche ou grise, comme l'indique la description ancienne, elle est noirâtre chez le jeune *Falco peregrinus* et tout à fait noire chez l'adulte mâle. Mais, à l'appui de son étude, M. Loret donne une reproduction du faucon d'Horus, d'après une peinture égyptienne du tombeau de Ramsès IX, à Biban-el-Molouk, qui autorise mieux l'identification. Dans cette figure, le dessus de la tête est gris ardoisé ou bleuâtre comme le dos; c'est bien ici l'aspect du faucon pèlerin, à la condition, toutefois, que cette dénomination soit prise dans un sens plus large que ne le permet la classification zoologique actuelle.

Dans la faune méditerranéenne, le groupe des faucons pèlerins ou pérégrinoïdes comprend notamment : *Falco peregrinus*, *Fal. babylonicus*, *Falc. tanypterus*, *F. Feldeggii* et *F. peregrinator*. Ces espèces de faucons présentent, comme les aigles et les buses, des variations telles que les naturalistes éprouvent parfois le plus grand embarras pour identifier certains de leurs représentants. Aussi plusieurs zoologistes s'appuient-ils précisément sur l'existence d'individus intermédiaires, par exemple, entre *Falco peregrinus* et *F. babylonicus* ou bien entre *F. babylonicus* et *F. peregrinator*, pour croire que ces subdivisions ne représentent point autant d'espèces distinctes, mais simplement des variétés locales du faucon pèlerin.

Avec une semblable conception de l'espèce, conforme à celle qui régnait parmi les naturalistes de l'époque de Savigny, au commencement du siècle dernier, on a raison de dire que l'oiseau d'Horus du tombeau de Ramsès IX est le faucon commun ou le faucon pèlerin. Mais cette figure ancienne ne permet pas, croyons-nous, de préciser davantage.

---

[1] Tristram, *the Fauna and Flora of Palestine*, p. 105.
[2] Loret, Horus le Faucon, le Caire, (*Bulletin de l'Institut d'archéologie orientale*, t. III, 1903).

Il nous semble impossible d'admettre que les anciens pouvaient choisir, comme l'oiseau d'Horus, exclusivement *Falco peregrinus*, avec le sens restreint attaché de nos jours à ce nom. La plupart des subdivisions spécifiques du genre *Falco*, basées sur de légères différences de coloration ou sur les proportions relatives des tarses et des doigts, devaient leur échapper, comme d'ailleurs elles échappent encore aujourd'hui à d'excellents observateurs et même à des spécialistes.

Ce qui prouve bien que les distinctions morphologiques modernes devaient être inaperçues en partie des Égyptiens, ou mises sur le compte d'insignifiantes variations individuelles, c'est la figure même publiée par M. Loret. Elle présente, en effet, réunis sur le même individu, plusieurs des caractères qui ont servi aux ornithologistes à distinguer les différentes espèces ou variétés pérégrinoïdes du faucon.

On sait que *Falco Feldeggii* et *F. babylonicus* sont différenciés de *F. peregrinus* proprement dit, par la coloration de la tête, de la poitrine et de l'abdomen, ainsi que par les proportions relatives du tarse et des doigts. Comparons ces Faucons à l'Oiseau d'Horus du tombeau de Ramsès IX.

Le dessus de la tête est roux ou brun chez *F. Feldeggii* et *babylonicus;* il est noir ou gris cendré bleuâtre chez *F. peregrinus* comme chez le Faucon de Hor du tombeau de Ramsès IX.

Les rayures ou taches brunes de la poitrine sont, disent les zoologistes, allongées verticalement chez *F. Feldeggii* et *F. babylonicus*, tandis qu'elles sont allongées horizontalement chez *F. peregrinus*. Dans le Faucon de Hor, reproduit par M. Loret, ces rayures sont verticales :

Falco peregrinus a toujours le doigt médian plus long que le tarse; il n'en est pas de même chez *F. Feldeggii*, *F. babylonicus* et surtout dans l'oiseau de Hor.

Enfin dans *F. babylonicus* et *Feldeggii* on trouve toujours, entre les taches noires qui entourent l'œil et la couleur brune ou rousse du dessus de la tête, une longue tache blanc roussâtre en forme de croissant ouvert du côté du bec. Cette tache, parfaitement dessinée dans le Faucon de Hor, ne se voit jamais chez *F. peregrinus*.

Le Faucon d'Horus de Bibân-el-Molouk présente donc sur la poitrine et autour des yeux les particularités de *F. babylonicus* ou *Feldeggii*, sur la tête celles de *F. peregrinus*, communes également au Hobereau et à *F. peregrinator*.

Cette constatation autorise à penser que l'oiseau de Hor a peut-être été représenté par les artistes égyptiens, d'après le souvenir des diverses variétés de Faucons pèlerins qui se rencontrent dans la vallée du Nil.

Si les textes anciens s'opposent à cette hypothèse, si les égyptologues ont des raisons de croire que l'oiseau d'Horus a été peint d'après nature, on doit admettre que ce sont, non pas les *Falco Feldeggii* ou *F. peregrinus* qui ont fourni le modèle, mais plutôt des individus de la variété *F. babylonicus*. Chez *F. Feldeggii* le dessus de la tête est généralement roux ainsi que chez *Falco babylonicus*, mais dans ce dernier les individus adultes ont souvent, comme on le voit sur la figure donnée par Gurney[1], la tête d'une couleur gris cendré plus ou moins foncé qui a pu leur valoir d'être représentés avec la tête bleue. En outre, *F. babylonicus* a le dos et les couvertures des ailes bien plus nettement bleus que *F. peregrinus*.

---

[1] Gurney, *Ibis*, pl. VII, 1861.

En résumé, qu'il ait été schématisé ou dessiné d'après nature, le Faucon de Hor du tombeau de Ramsès IX est bien un Faucon pèlerin, mais il rappelle beaucoup mieux la forme *F. babylonicus* que la variété ou l'espèce européenne *F. peregrinus*.

Il est évident que notre attribution du Faucon de Hor à *F. babylonicus* s'applique uniquement à l'excellente peinture de Bibân–el–Molouk publiée par M. Loret et ne saurait s'étendre aux nombreuses figurations d'époques et de localités différentes de l'oiseau sacré.

Il sera intéressant de rechercher plus tard si toutes les représentations de cet oiseau sont semblables à celle du tombeau de Ramsès IX, ou si elles paraissent inspirées de diverses espèces de Faucons, comme tendraient à le faire croire les multiples identifications citées plus haut.

Falco babylonicus est, avec *F. Feldeggi* et la crécerelle, le Faucon qui se trouve momifié le plus fréquemment dans les hypogées de la Haute–Égypte.

ANSER ALBIFRONS, Scopoli.

Anas septentrionalis sylvestris, Brisson, *Ornithologie*, VI, p. 269 (1760).
Anser albifrons, Gould, *Birds of Europe*, pl. 349 (1837). — Shelley, *Birds of Egypt*, p. 280 (1872). — Salvadori, *Catal. of the Brit. Mus.*, vol. XXVII, p. 92, 1895.

L'oie à front blanc ou oie rieuse a été reconnue au nombre des offrandes alimentaires trouvées dans les tombes d'Aménothès II et Thoutmès III à Bibân–el–Molouk, ainsi que dans celle de Maher–Pra (XVIIIe dynastie) à Thèbes. L'une de ces offrandes, remarquablement conservée, était renfermée dans un petit

Fig. 173. — *Anser albifrons.*
TOMBEAU DE MAHER-PRA, A THÈBES.

Fig. 172. — *Anser albifrons.* Cœur.

sarcophage en bois (catalogué au musée du Caire sous le n° 24052), décrit et figuré plus loin avec les diverses pièces de même nature provenant du tombeau de Maher–Pra. L'oie a été préparée comme pour la cuisson, c'est-à-dire privée de sa tête et des extrémités de ses membres (fig. 173). Elle a été vidée, puis on a placé dans la cavité thoracique le gésier, le foie et le cœur (fig. 172), entourés de bandelettes et attachés les uns autres par de petites ficelles.

Les tombeaux d'Aménothès II et Thoutmès III contenaient plus de deux cents quartiers de viande de boucherie et, en outre, un certain nombre d'os et de muscles fragmentés provenant d'une oie de petite taille. La comparaison de plusieurs rayons des ailes et des pattes avec ceux de spécimens modernes de l'oie à front blanc a permis de rapporter avec certitude ces restes momifiés à *Anser albifrons*, dont les particularités morphologiques peuvent être ainsi résumées :

Partie antérieure de la tête et front blancs, avec bordure brune ou noire en arrière de la tache blanche. Tête et cou brun cendré légèrement roussâtre. Dos et couvertures des ailes brun cendré, plumes bordées de blanc ou de roux clair. Partie postérieure du dos et croupion cendré

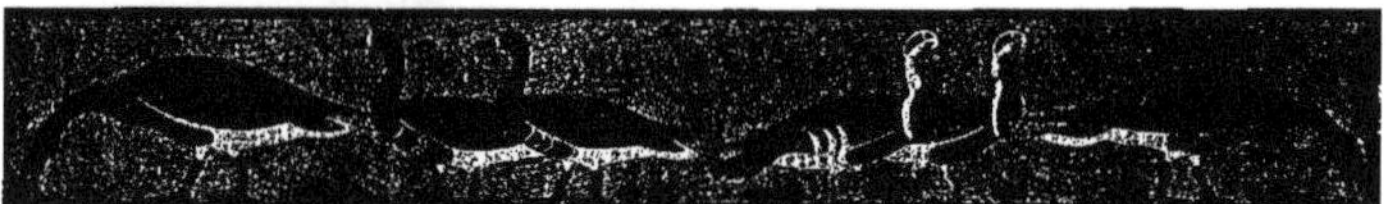

Fig. 174. — Les Oies de Méidoum.

noirâtre. Faces inférieures du corps et de la queue blanches ou d'un gris cendré très clair, avec de larges taches brunes ou noires. Bec entièrement jaune. Pieds jaune orangé ou jaune plus ou moins pâle suivant l'âge et le sexe. Iris brun.

Les jeunes ont le corps de couleur plus foncée avec seulement de légères taches blanches sur le front. Bec jaunâtre. Pieds jaune pâle.

Longueur du tarse 63 millimètres suivant Salvadori, de 62 à 65 millimètres d'après M. Fatio[1]; doigt médian avec ongle de 68 à 74 millimètres.

Anser albifrons habite l'été toute la partie septentrionale de la région paléarctique, de l'Islande à la Sibérie et au Groenland. En hiver, elle émigre dans le sud sur les côtes de la Méditerranée et de la mer Caspienne, en Chine et dans le nord de l'Inde.

Suivant Shelley, cette oie est la plus abondante de l'Egypte. On la rencontre par volées souvent nombreuses, mais elle ne demeure pas dans la vallée du Nil au delà de mars.

L'oie à front blanc est admirablement représentée sur le panneau ancien dit des « Oies de Méidoum » (fig. 174). Outre les deux peintures d'*Anser albifrons*, qui se trouvent sur le côté gauche de ce panneau, on voit sur la droite, deux spécimens très ressemblants de l'oie à cou rouge, *Branta ruficollis*, puis, aux extrémités du panneau, l'oie cendrée vulgaire *Anser cinereus* à gauche et *Anser sylvestris* à droite.

Ces trois dernières espèces ne sont pas signalées par Shelley dans son catalogue des oiseaux de l'Égypte actuelle. Elles n'y sont point inconnues pourtant, car Salvadori[2] et Fatio[3] les citent toutes les trois comme habitant l'Egypte ou le nord de l'Afrique.

[1] Fatio, *Oiseaux de la Suisse*, p. 1280, 1904.
[2] Salvadori, *Catalogue du British Museum*, vol. XXVII, p. 126, 1895.
[3] Fatio, *Faune des vertébrés de la Suisse. Oiseaux*, 2ᵉ vol., p. 1275, 1904.

QUERQUEDULA CRECCA, Linné.

Anas crecca, Linné, *Syst. nat.,* p. 204, 1766.
Querquedula crecca, Gould, *Birds of Europe,* pl. CCCLXII, 1837. — Shelley, *Birds of Egypt,* p. 286, London
1872.
Nettion crecca, Salvadori, *Cat. of the Brit. Mus.,* p. 243, vol. XXVII, 1895.

La sarcelle commune ou sarcelle d'hiver est signalée parmi les oiseaux de l'antique Egypte,
d'après des restes osseux recueillis dans les tombes de cynocéphales de la nécropole de Thot, à
Thèbes. Ces restes se composent des pièces suivantes : quatre crânes incomplets, six fémurs,
cinq tibias, un métatarsien gauche, dix humérus et divers autres rayons des ailes.

Les crânes se trouvaient dans un petit vase en terre cuite rouge, avec deux autres têtes
osseuses appartenant à la sarcelle d'été *(Querquedula circia)* ; les rayons des membres étaient
mêlés dans les tombes aux momies des babouins.

Ces ossements paraissent avoir séjourné très longtemps dans le sable. Ils ont le même
aspect jaunâtre que les os de vautours de l'ancien tombeau de Zaouiet–el–Aryân ; on ne voit à
leur surface aucune trace de substances préservatrices.

Les dimensions et la forme de ces pièces, des crânes notamment et du métatarsien, se
rapportent tout à fait au squelette de la sarcelle commune, *Querquedula crecca,* dont la morphologie générale peut être ainsi résumée :

Bec presque aussi long que la tête, étroit et pincé en arrière, plus haut que large à la base
Narines subarrondies. Tarse à peu près de la longueur du doigt interne avec ongle. Plumes de
l'occiput et de la nuque un peu allongées. Tête et haut du cou roux, avec une large tache d'un
vert foncé bordée de blanc en dessous, depuis l'œil jusque sous l'occiput ; poitrine blanche marquée de taches noires arrondies ; couverture de l'aile d'un gris brun ; miroir large, noir et vert
brillant, bordé de blanc et de roux dans le haut chez le mâle adulte en plumage de noces.
Faces inférieures blanc légèrement jaunâtre. Sous–caudales médianes noires, latérales blanches,
les dernières plus ou moins jaunâtres. Bec noirâtre, pieds cendrés, iris brun.

La femelle adulte est un peu plus petite que le mâle. Sa tête est brune, un peu variée de
roux en dessus, d'un blanc roussâtre sur les côtés avec légères taches brunes comme sur le cou.
Couverture des ailes brun cendré ; miroir vert brillant, largement bordé de blanc roux dans le
haut avec fine bordure blanche dans le bas. Faces inférieures blanchâtres, tachées de brun sur
la poitrine, les flancs et les plumes sous–caudales.

Les jeunes ressemblent aux femelles.

D'après M. Fatio[1] la longueur du tarse de la sarcelle d'hiver varie de 26 à 30 millimètres,
celle du doigt médian avec ongle, de 37 à 41 millimètres.

Voici les dimensions comparées du tibia et du métatarsien prises sur un squelette moderne
de *Querquedula crecca* et sur les os anciens de la nécropole de Thot.

	Querquedula crecca	
	Momifiée Thèbes	Moderne env. de Lyon
Longueur du tibia	52 à 55	54 $^{m}/_{m}$
Longueur du métatarsien	29,5	29 —

[1] Fatio, *Vertébrés de la Suisse : Oiseaux,* vol. II, p. 1341, Genève, 1904.

Suivant Salvadori[1], cette sarcelle habite toute la région paléarctique et se rencontre en hiver dans le nord-est de l'Afrique jusqu'au Shoa, ainsi qu'en Arabie, en Perse, à Ceylan, en Chine et au Japon. Accidentellement, on la trouve au Groenland et le long de la côte atlantique de l'Amérique du Nord.

La sarcelle d'hiver est, pour Shelley[2], le plus abondant des oiseaux aquatiques de l'Egypte et de la Nubie ; elle fréquente plutôt les mares ou les canaux que les grandes étendues d'eau.

QUERQUEDULA CIRCIA, Linné.

Anas querquedula, Linné. *Syst. nat.*, p. 203, 1766.
Querquedula circia, Gould, *Birds of Europe*, pl. CCCLXIV, 1837. — Shelley, *Birds of Egypt*, p. 287, London, 1872. — Salvadori, *Cat. of Brit. Mus.*, vol. XXVII, p. 293, 1895.

La sarcelle d'été a été reconnue, comme l'espèce précédente, d'après deux têtes osseuses trouvées, dans une tombe de cynocéphale de la nécropole de Thot, à l'intérieur du même vase en terre cuite qui contenait les crânes de la sarcelle d'hiver. Les deux crânes se distinguent par leur bec beaucoup plus large à la base que le bec de la petite sarcelle. Ils sont absolument conformes à des spécimens provenant d'individus modernes des environs de Lyon. *Querquedula circia* se reconnaît aux caractères suivants :

Bec presque aussi large en arrière qu'en avant. Tarse de la longueur du doigt interne avec ongle. Le mâle adulte en plumage d'hiver a le dessus de la tête et la nuque brun foncé, bordés, depuis l'œil, d'un large sourcil blanc. Poitrine roussâtre, avec croissant noir sur chaque plume. Plumes sous-caudales et du dos brunes, bordées de gris. Couvertures des ailes cendré bleuâtre, les grandes terminées de blanc. Rémiges secondaires vert plus ou moins clair sur les barbes externes, brunes sur les barbes internes et terminées de blanc ; le vert forme un étroit miroir bordé de blanc en avant et en arrière. Grandes rémiges brunes bordées plus ou moins de gris clair. Faces inférieures d'un blanc jaunâtre ou roussâtre, avec rayures noires sur les flancs et taches brunes vers la région sous-caudale. Bec brun noirâtre ; pieds cendré brunâtre ; iris brun.

La femelle adulte, bien plus petite que le mâle, est brune en dessus avec les plumes bordées de gris roux. Gorge blanchâtre ainsi qu'un sourcil plus étroit et court que chez le mâle. Couvertures des ailes cendré bleuâtre. Miroir vert peu apparent. Faces inférieures du corps blanchâtres ou blanc roussâtre, tachées de brun au cou, à la poitrine et aux flancs.

Le mâle adulte en plumage d'été ressemble à la femelle, mais il se distingue toujours de celle-ci par sa taille bien plus élevée et par son miroir à reflets métalliques. Les jeunes sont également semblables à la femelle.

Suivant M. Fatio[3] la longueur du tarse de *Querqued. circia* mesure de 25 à 31 millimètres ; le doigt médian avec ongle varie de 40 à 43 millimètres.

Comme la sarcelle d'hiver, la sarcelle d'été habite toute la région paléarctique, elle hiverne dans le nord de l'Afrique, depuis les bords de la Méditerranée jusqu'au pays des Somalis. On la rencontre aussi à Ceylan, en Chine, au Japon, aux Philippines, à Bornéo et à Java.

[1] Salvadori, *Cat. Brit. Museum*, vol. XXVII, p. 247, 1895.
[2] Shelley, *Birds of Egypt*, p. 286, 1872.
[3] Fatio, *Faune des vertébrés de la Suisse. Oiseaux*, vol. II, p. 1338, Genève, 1904.

D'après Shelley[1], la sarcelle d'été ou grande sarcelle réside en Egypte. Elle est modérément abondante en Nubie et dans la vallée du Nil. Le naturaliste anglais en a remarqué, vers la fin d'avril, un nombre considérable à El–Kab, mais elle est bien plus commune dans le Delta. On la trouve fréquemment sur le marché d'Alexandrie.

Les reproductions de sarcelles sont relativement rares sur les monuments de l'antique Egypte. Nous n'avons noté que deux ou trois peintures qui puissent avoir trait à ce groupe d'oiseaux. Une toutefois est parfaitement ressemblante; elle se rapporte à la sarcelle d'hiver *(Querquedula crecca)* et a été reproduite par Champollion d'après les peintures murales des tombeaux de Beni–Hassan[2]. *Querquedula crecca* se reconnait à la large tache verte bordée de blanc qui encadre l'œil, ainsi qu'au miroir bleu des ailes.

Les sarcelles n'ont probablement pas été momifiées dans le même but que les oies. Celles-ci, privées de la tête et des extrémités des membres, ont été déposées dans les tombeaux comme offrandes alimentaires, tandis que les sarcelles dont nous avons trouvé les tarses et les têtes osseuses ont dû, vraisemblablement, être momifiées dans un but religieux ainsi que la plupart des animaux sacrés.

Voici la liste, à ce jour, des oiseaux identifiés d'après des restes osseux ou momifiés de l'ancienne Égypte :

Gyps fulvus, Brisson.	*Accipiter nisus*, L.
Otogyps auricularis, Daudin.	*Circus æruginosus*, L.
Neophron percnopterus, L.	*Circus cyaneus*, L.
Milvus ægyptius, Gm.	*Circus macrurus*, L.
Milvus regalis, Brisson.	*Circus pygargus*, L.
Pernis apivorus, L.	*Melierax gabar*, Daudin.
Elanus cœruleus, Desf.	*Pandion haliaetus*, L.
Buteo desertorum, Daudin.	*Strix flammea*, L.
Buteo ferox, Gm.	*Bubo ascalaphus*, Savig.
Buteo vulgaris, Linné.	*Scops Aldrovandi*, Willougby.
Circaetus gallicus, Gm.	*Asio otus*, L.
Aquila imperialis, Bechst.	*Asio brachyotus*, Gm.
Aquila maculata, Gm.	*Cuculus canorus*, L.
Nisaetus pennatus, Gm.	*Coracias garrulus*, L.
Haliaetus albicillus, L.	*Hirundo rustica*, L.
Falco babylonicus, Gurney.	*Pteroclurus senegallus*, L.
Falco barbarus, L.	*Œdicnemus crepitans*, Temm.
Falco Feldeggii, Schl.	*Ibis æthiopica*, Lath.
Falco subbuteo, L.	*Plegadis falcinellus*, L.
Hierofalco saker, Gm.	*Anser albifrons*, Scop.
Cerchneis cenchris, Frisch.	*Querquedula crecca*, L.
Cerchneis tinnunculus, L.	*Querquedula circia*, L.

[1] Shelley, *Birds of Egypt*, p. 287, London, 1872.
[2] Champollion, *Monuments de l'Egypte et de la Nubie*, t. IV, pl. CCCLIV, Paris, 1845.

REPTILES

Comme nous en avons déjà fait la remarque, les reptiles ne comptent qu'un petit nombre d'espèces parmi les animaux de l'ancienne Égypte. *Crocodilus niloticus* et *Naja haje* ont seuls été signalés d'après des spécimens momifiés. Un lézard, *Mabuia quinqueteniata*, a été trouvé dans le tube digestif de certains oiseaux de proie.

Aux trois espèces précédentes nous avons à ajouter une tortue et un lézard indéterminé.

La tortue est représentée, dans les envois récents du musée du Caire, par deux disques dorsaux de Trionychidés, provenant l'un d'Assouan, l'autre de Béni-Hassan. Les deux carapaces ont dû séjourner très longtemps dans le sol ; elles sont débarrassées de leurs parties molles, le sable et la terre garnissent entièrement la cavité médullaire des vertèbres ainsi que les rugosités externes des plaques dorsales.

Le lézard a été reconnu d'après des fragments de mâchoires trouvés à l'intérieur d'un petit sarcophage en bronze.

TRIONYX TRIUNGUIS, Forskal.

Trionyx d'Egypte, Geoffroy de Saint-Hilaire, *Description de l'Egypte*, p. 1, pl. I, t. XXIV, Paris, 1829.
Trionyx triunguis, Boulenger, *Cat. of the chelonians Brit. Mus.*, p. 254, 1889. — Anderson, *the Reptiles of Egypt*, p. 32, pl. III, London, 1898.

Les deux disques dorsaux se rapportent à des individus d'âge différent. Le plus petit, celui d'Assouan, mesure 28 centimètres de longueur par 29 centimètres de largeur, sans tenir compte des côtes ; le second atteint environ 43 centimètres de long et 44 centimètres de large.

Ces pièces sont incomplètes : à celles d'Assouan, la moins endommagée, il manque la moitié droite de la plaque nucale et une partie des trois premières plaques costales du même côté. L'exemplaire de Béni-Hassan est représenté seulement par les huit plaques costales droites, les plaques du côté gauche font défaut ainsi que la plaque nucale et les plaques neurales en totalité.

Bien que ces carapaces ne soient pas entières, il est facile de reconnaître qu'elles appartiennent au *Trionyx triunguis* qui vit encore, de nos jours, dans le Nil, et dont les particularités spécifiques sont les suivantes : Carapace peu convexe, plus ou moins déprimée, suivant la ligne médiane, chez les jeunes. Huit paires de plaques costales. Les deux parties de la huitième paire sont en contact sur toute la longueur de la ligne médiane ; celles de la septième paire arrivent en contact sur une moitié environ de leur longueur. Une seule plaque neurale sépare la première paire costale. Plaques dorsales toutes couvertes extérieurement de rugosités vermiculaires. Chez les jeunes sujets la peau de la face dorsale est marquée de rangées longitudinales, de petits tubercules.

Tête très petite. La longueur du museau, mesurée sur la tête osseuse, est plus grande que le diamètre de l'orbite; l'espace interorbitaire est plus faible que le diamètre des fosses nasales.

Le corps est de couleur olivâtre par–dessus, fortement pointillé de blanc chez les jeunes. La gorge, les membres et la face externe du plastron sont couverts de taches blanches arrondies, séparées par un réseau verdâtre plus ou moins sombre, suivant l'âge. Les adultes ont une couleur plus uniforme; le disque dorsal atteint chez les plus grands individus, 80 centimètres de longueur.

Cette tortue est connue des Arabes, sous le nom de *Tyrsé*. Elle habite le Nil, le Congo, le Sénégal et leurs affluents; on la trouve aussi dans quelques rivières de Syrie. Suivant Anderson, elle serait encore assez commune dans le Nil de la Basse et de la Haute Égypte[1].

On connait plus de dix espèces de Trionychidées vivant surtout dans les fleuves de l'Inde et de l'Indo–Chine.

Ces animaux, qui atteignent souvent une grande taille et dont la chair est très estimée, sont chassés et pêchés dans presque tous les endroits où ils sont communs, dans le *Gange*, notamment.

En ce qui concerne les carapaces de *Trionyx triunguis* trouvées à Assouan et Béni-Hassan, il est impossible de dire si ce sont des restes de momies très anciennes ou des débris d'animaux mangés. Ces documents ont bien été recueillis par le service des antiquités égyptiennes, dans des puits à momies ou d'anciens tombeaux, mais on ne remarque, à leur surface, aucun indice permettant d'affirmer qu'ils proviennent d'animaux momifiés. Deux autres carapaces de même espèce, conservées dans les collections du musée du Caire sous les n°s 29586 et 29587, sont dans le même cas, elles ne portent aucune trace de matière préservatrice.

On doit remarquer, à ce propos, que l'absence de bitume à la surface des ossements ne peut autoriser à conclure qu'ils ne proviennent pas d'animaux momifiés. Nous avons, en effet, rencontré déjà, dans les vases de Tounèh–el–Gebel, près de Rôda, de grande quantités d'os d'ibis complètement débarrassés de bitume et de toutes substances organiques. La disparition de ces matières est due, soit à la plus grande ancienneté des ossements, soit à des conditions différentes de gisement.

Selon plusieurs auteurs, la tortue du Nil n'était pas un animal sacré. On connaît diverses représentations de tortues parmi les inscriptions égyptiennes, celle notamment qui figure dans l'inscription explicative d'une scène allégorique du grand temple d'Edfou[2]. Mais ces figures ne peuvent être attribuées au Trionyx, elles correspondent plutôt à des tortues terrestres : dans l'inscription d'Edfou, la tortue a le cou très court et le corps en forme d'ellipse allongée, au lieu que les Trionychidées ont le cou long et le corp discoïde.

Les tortues sont, en outre, représentées en Égypte par des figurines trouvées dans les nécropoles préhistoriques d'El-Amrah, Abydos et Toukh; elles ont été taillées dans un schiste

---

[1] Anderson, *Zoology of Egypt*, vol. I, p. 33, London, 1898.
[2] Rosellini, *Monumenti dell'Egitto e della Nubia*, vol. III, M d. C , fig. 2, pl. XXXIX, Pisa, 1844.

verdâtre dont les gisements se rencontrent, d'après M. de Morgan, dans la chaîne arabique. Il semblerait à cet auteur « que ces sculptures eussent été autrefois considérées comme fétiches ou divinités [1] ».

Nous voyons encore une tortue dessinée, au milieu de plusieurs animaux différents, à l'intérieur d'un vase en terre rouge provenant de Gébeleine [2]. Ces figurations sont, comme les sculptures, trop grossièrement exécutées pour autoriser une identification, on peut reconnaître, toutefois, que celles-ci ressemblent, au contraire, plus à des tortues d'eaux qu'aux tortues terrestres.

Quoi qu'il en soit, si les documents décrits plus haut ne prouvent pas que *Tryonix triunguis* a été momifié par les anciens Égyptiens, ils établissent du moins que cette espèce vit dans le Nil depuis une époque très ancienne. Quelques fragments de carapaces ont d'ailleurs été signalés déjà, par l'un de nous [3], dans les dépôts néolithiques de Toukh, près Négadah.

LÉZARD INDÉTERMINÉ

Des restes de lézard momifié ont été trouvés dans un minuscule sarcophage en bronze, ayant la forme d'un prisme rectangulaire de 70 millimètres de longueur par 18 millimètres de large et 15 de haut. Sur la face supérieure de ce sarcophage on voit deux bélières opposées diagonalement, avec, en outre, un lézard représenté en haut-relief, la tête légèrement relevée, les membres étendus (fig. 175).

Fig. 175. — Sarcophage de Lézard.

Cet objet, coulé d'une seule pièce, est ouvert seulement sur l'une de ses petites faces latérales. L'ouverture était fermée par une plaque de bronze, de 2 à 3 millimètres d'épaisseur, maintenue par une forte couche d'oxyde.

Dans la cavité rectangulaire, de 45 millimètres de profondeur, il y avait, enveloppés de menus morceaux d'étoffe blanchâtre, un peu de poussière avec les restes osseux suivants :

Une moitié distale d'*humérus*, deux ou trois petits fragments de *maxillaire*, ainsi que la *mandibule* gauche composée de l'os articulaire et d'une partie du dentaire. Ces divers fragments appartiennent à un jeune lézard de très petite taille. Le maxillaire et la mandibule sont garnis de dents pleurodontes, légèrement coniques, à sommet arrondi.

Comme on le voit, ces restes sont insuffisants pour reconnaître le genre et l'espèce auxquels ils se rapportent. On sait seulement qu'il ne s'agit point d'un Lacertidé, d'un Geckonidé ou d'un Agamidé. La conformation de la dentition est d'un Lacertillien de la famille des Scincidés, probablement du genre *Scincus* ou du genre *Mabuia*. Le reptile figuré à l'extérieur du sarcophage rappelle d'ailleurs assez bien, par son corps épais et sa queue relativement courte, l'aspect des lézards scincoïdes.

[1] De Morgan, *Recherches sur les origines de l'Égypte*, p. 99, Paris, 1897.
[2] Id., *ibid.*, p. 149, fig. 358, Paris, 1896.
[3] Id., *ibid.*, pl. II, fig. 5, Paris, 1896.

OFFRANDES FUNÉRAIRES

Une partie de ces offrandes, constituées par des corps d'oiseaux ou par des fragments de muscles de mammifères, momifiés par l'immersion dans le natron résineux, sont déposées dans neuf boites ayant la forme de petits sarcophages ovalaires, creusés dans des blocs de figuier sycomore, et pourvus de couvercles travaillés de la même façon. Une seule de ces offrandes, privée de caisse protectrice est tout simplement entourée de longues bandes d'un linge de lin, très finement tissées et trempées aussi dans le liquide antiseptique. Les couvercles des sarcophages ont à peu près les mêmes formes et les mêmes dimensions que les cuvettes inférieures. Ils sont maintenus en place par deux chevilles en bois dur fixées aux extrémités. Le tout est peint en blanc, à la chaux, sans aucun ornement, ni inscription.

Ces boites ont été ouvertes par nous au musée du Caire, et leur contenu en a été étudié avec soin. Afin que les visiteurs puissent les reconnaitre, nous inscrivons ici leurs numéros d'ordre peints en rouge sur le côté des caisses.

1re OFFRANDE 24048

Sarcophage oblong, cylindrique, aplati (fig. 176). Longueur 0m,50, largeur 0m,21. Nous n'avons point déroulé les bandelettes entourant l'offrande, il n'est donc pas possible de dire en quoi elle consiste. Les bandelettes, comme celles des autres offrandes, sont trempées dans la solution antiseptique de natron résineux, ce qui leur donne une couleur brun foncé.

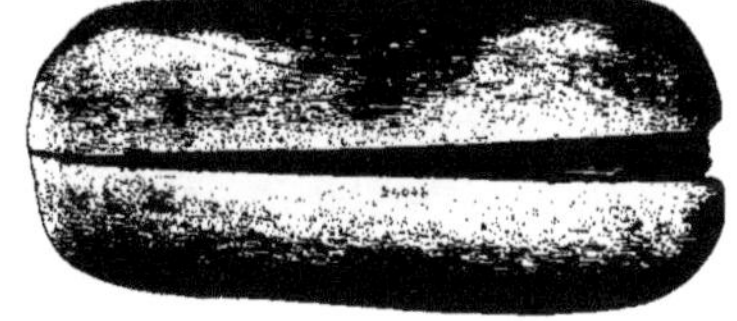

Fig. 176. — Boite d'offrande. Thèbes.

2e OFFRANDE 24049

Sarcophage cylindrique, aplati (fig. 177). Longueur 0m,50, largeur 0m,23. La boite renferme un humérus gauche de veau auquel est encore attachée une certaine quantité de chair mus-

Fig. 177. — Boite d'offrande. Thèbes.

culaire. Cette offrande est entourée d'une large bande de toile de lin très finement travaillée, devenue brune par le trempage dans le natron résineux très fortement odorant.

3ᵉ OFFRANDE 24050

Sarcophage presque cylindrique (fig. 178); longueur 0ᵐ,60, largeur 0ᵐ,22. Cette boîte renferme un fragment de viande dont nous n'avons point déroulé les bandelettes. Nous ne

pouvons donc en indiquer la nature exacte, nous pensons cependant que c'est un morceau d'une cuisse de veau.

4ᵉ OFFRANDE 24051

Sarcophage long de 0ᵐ,40, large de 0ᵐ,20 (fig. 179). Il renferme une momie

Fig. 178. — Boîte d'offrande. Thèbes.

animale très bien enveloppée de fines bandelettes que nous n'avons point déroulées. Nous pouvons cependant affirmer que cette offrande consiste en une petite oie, ou en un canard privé de

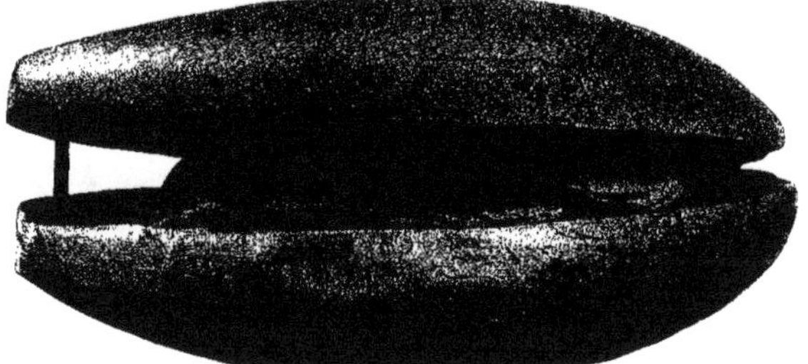

Fig. 179. — Boîte d'offrande. Thèbes.

la tête et des extrémités des membres antérieurs et postérieurs. Les bandelettes très finement tissées ont été trempées dans le natron résineux.

5ᵉ OFFRANDE 24052

Sarcophage ovalaire; longueur 0ᵐ,40, largeur 0ᵐ,20 (fig. 180). Il renferme une oie de moyenne taille, privée de sa tête, mais qu'on peut cependant très exactement rapporter à l'espèce encore commune en Egypte, appelée *Anser albifrons*, dont nous avons donné plus haut (page 297) la description zoologique. Les avant-bras et les tarses ont été enlevés, absolument comme le font encore nos cuisinières lorsqu'elles veulent faire rôtir une oie à la broche ou dans une *coquelle* (fig. 173) L'animal a été entièrement vidé, et dans l'intérieur de la cavité abdominale, on a placé le gésier, le foie et le cœur. Ces trois organes, momifiés aussi, entourés de bandelettes spéciales, ont été attachés les uns aux autres par des ficelles très tordues, ressemblant à celle des pointes de fouets, et ayant probablement servi à les suspendre dans la saumure antiseptique. La momification de cette oie est vraiment extraordinaire, la peau a conservé toute sa souplesse, et montre encore toutes les papilles épidermiques admirablement conservées. Les téguments sont colorés en jaune par le natron résineux. Les bandelettes de toile qui entourent la momie. très finement tissées, sont longues de 3^m,80.

Fig. 180. — Boite d'offrande. Thèbes.

Nous rappellerons que dans des boites d'albâtre creusées en forme d'oies, trouvées dans la pyramide de Licht, par M. Gautier, on avait déposé des oies momifiées, comme offrandes au roi Ousirtasen.

6° OFFRANDE 24053

Sarcophage long de 0^m,32, large de 0^m,17, cylindro-conique (fig. 181). La momie est solidement fixée dans la caisse inférieure par des tampons de toile, imbibés d'une substance résineuse et saline; elle est entourée avec beaucoup de soins par de longues bandelettes très finement tissées. Lorsqu'on les a déroulées, on trouve un canard dont les ailes et les pattes sont privées des avant-bras et des tarses. La tête a été enlevée ainsi que les organes internes du corps, poumons, foie, cœur, entrailles. La cavité intérieure a été bourrée par le cœur et le foie entourés séparément de bandelettes étroites. La peau de

Fig. 181. — Boite d'offrande. Thèbes.

l'animal, très bien conservée, montre encore les papilles épidermiques et a gardé toute sa souplesse. Il n'a pas été possible de déterminer l'espèce de canard à laquelle appartient cette pièce intéressante. Il aurait pour cela fallu en extraire le squelette ce que nous n'avons pas osé faire.

7° OFFRANDE 24054

Sarcophage long de 0^m,28, large de 0^m,14, peint en blanc avec de la couleur à la détrempe, taillé dans un gros morceau de bois qui doit provenir certainement d'un figuier sycomore (fig. 182).

La momie est entourée de bandelettes très fines, colorées en jaune foncé par le liquide antiseptique. Deux gros tampons d'une toile grossière sont serrés aux extrémités, afin de maintenir en place cette offrande dont les bandelettes n'ont été déroulées que partiellement, et qui paraît consister tout simplement en un petit canard dont l'espèce n'a pu être déterminée.

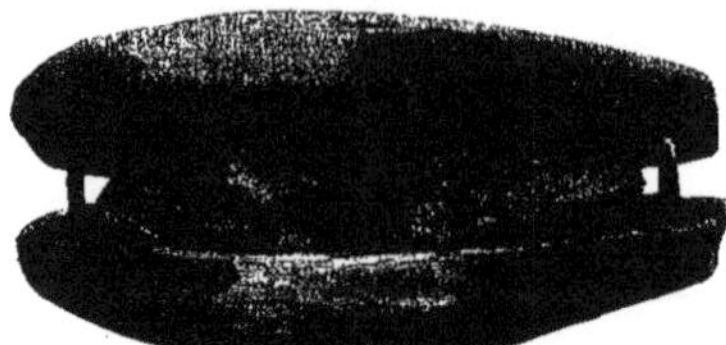

Fig. 182. — Boite d'offrande. Thèbes.

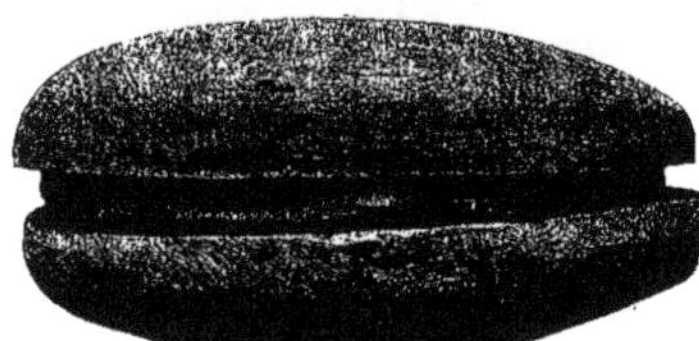

Fig. 183. — Boite d'offrande. Thèbes.

8° OFFRANDE 24055

Le sarcophage, taillé avec soin dans un bloc de figuier sycomore a une longueur de 0^m,27 sur une largeur de 0^m,13. Le couvercle et la boite sont peints en blanc (fig. 183). La momie maintenue en place par des tampons de toile grossière est entourée de bandelettes très fines qui ne sont point déroulées. Mais la forme de cette offrande indique clairement qu'elle doit consister en une momie de canard préparée comme nous l'avons indiqué plus haut.

9° OFFRANDE 24056

Le sarcophage, également taillé dans du bois de figuier sycomore est, comme les précédents, peint en blanc à la détrempe (fig. 184). Le couvercle est fixé à la caisse par de fortes chevilles enfoncées aux deux extrémités. La forme de cette boite est quadrangulaire. La longueur est de 0^m,26, la largeur de 0^m,24. L'offrande consiste en un foie de mouton accompagné de quelques fragments de chair musculaire. Les bandelettes, très fines, ont été trempées dans la substance résineuse, saline, antiseptique. La momie est maintenue en place par deux tampons trempés également dans le liquide conservateur.

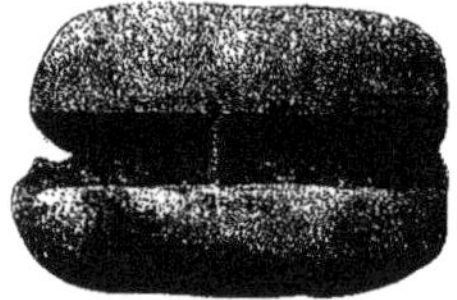

Fig. 184. — Boite d'offrande. Thèbes.

10° OFFRANDE 24056 *bis*

Cette offrande n'est point enfermée dans un sarcophage, mais elle est tout simplement entourée de bandelettes, enroulées fort serré, élégamment entre-croisées à angles droits. Ces linges enlevés ont permis de constater que cette offrande consistait en un fragment de paroi thoracique, formé de onze côtes du côté gauche, d'un mouton ou d'une chèvre.

OFFRANDES ALIMENTAIRES

DES TOMBEAUX DE THOUTMÈS III ET AMÉNOTHÈS II

Dans les tombes d'Amenothès II et de Touthmès III, à Bibàn-el-Molouk, on a trouvé, déposées sur le sol, six longues caisses, très grossièrement construites, contenant une grande quantité de fragments de viandes de boucherie ayant été trempées d'abord dans la saumure antiseptique pour être ensuites desséchées. Elles sont parfaitement conservées et renferment encore abondamment des matières albuminoïdes non altérées.

Ce sont les pièces de viandes suivantes :

1 à 17. — Fragments de muscles divers salés et desséchés. Tous portent la trace du lien qui a sans doute servi à les suspendre pour la dessiccation. (Les n°s 1, 2 et 7 de ces fragments sont conservés au musée du Caire sous les n°s 29569, 29571 et 29572.)

18 et 19. — Deux fragments de foie. (Catalogués au musée du Caire sous les n°s 29568 et 29570.)

20. — Débris d'étoffes brunies paraissant avoir été imbibées de substances résineuses.

21. — Six vertèbres lombaires en connexion, avec traces de muscles, d'un bœuf jeune et de petite taille.

22 et 23. — Deux humérus gauches, et muscles de bœufs de petite taille.

24. — Cubitus et radius gauches avec muscles de bœuf.

25. — Cubitus et radius gauches de jeune bœuf.

26. — Fémur droit de bœuf.

27. — Portion de thorax composée de huit côtes postérieures droites d'un bœuf.

28. — Fémur gauche avec muscles. (*Catalogue du musée du Caire*, n° 29576.)

29. — Fémur droit avec muscles incisés du côté antérieur, suivant une direction parallèle à l'axe de l'os.

30. — Tibia et calcanéum gauches.

31. — Fémur gauche de bœuf.

32. — Fémur gauche de veau. (*Catalogue du musée du Caire*, n° 29565.)

33 et 34. — Deux humérus gauches avec muscles. (*Catalogue du musée du Caire*, n° 29567 et 29577.)

35. — Six vertèbres dorsales antérieures du bœuf. (*Catalogue du musée du Caire*, n° 29575.)

36. — Radius et cubitus droits.

37. — Quartier composé de quatre côtes antérieures droites. (*Catalogue du musée du Caire*, n° 29573).

38. — Sternum de bœuf avec cartilages costaux droits et gauches. Les muscles portent du côté antéro-externe une profonde incision longitudinale.

39. — Sternum avec cartilages costaux droits et gauches. Du côté externe, les muscles ont été incisés sur toute la longueur, suivant l'axe du sternum. (*Catalogue du musée du Caire*, n° 26566.)

40. — Omoplate et humérus droits en connexion. *(Catalogue du musée du Caire,* n° 29574.)

41. — Membre antérieur droit de veau. Ce membre a été sectionné au niveau de l'articulation carpo-métacarpienne ; il se compose de l'omoplate, de l'humérus, du radius, du cubitus et des os du carpe.

42. — Fémur gauche de jeune bœuf.

43. — Membre antérieur droit de veau. (Omoplate brisée, humérus, cubitus, radius et os du carpe.)

44. — Humérus gauche d'un petit bœuf.

45. — Six vertèbres dorsales antérieures de bœuf.

46. — Rate enveloppée de larges bandes d'étoffe.

47. — Tibia et tarse droits de veau.

48. — Extrémité supérieure de scapulum droit de veau.

49. — Fémur gauche entouré de bandes d'étoffe.

50. — Quartier de foie.

51. — Sternum de bœuf et cartilages costaux, le tout enveloppé dans de larges bandes d'étoffe.

52. — Etoffe et débris organiques agglomérés dans une masse terreuse.

53 et 54. — Etoffe et débris organiques.

55. — Quartier composé de plusieurs vertèbres dorsales de veau.

56-57-58. — Trois sternums et cartilages costaux. Du côté externe, les muscles ont été incisés suivant l'axe longitudinal.

59. — Cinq vertèbres dorsales de jeune bœuf.

60-61-62-63-64. — Tibias et tarses de bœufs et de veaux.

65-66. — Deux quartiers composés chacun de six côtes droites.

67-68-69-70-71. — Cinq fragments de muscles divers.

72-73-74. — Débris d'étoffes.

75 et 76. — Fémurs gauches de bœufs, avec muscles incisés du côté antérieur.

77. — Humérus droit de jeune bœuf.

78. — Humérus gauche de jeune bœuf.

79-80-81. — Fémurs droit et gauche de veau.

82. — Humérus gauche.

83. — Radius et cubitus droits avec muscles.

84. — Tibia et tarse droits de jeune bœuf.

85-86. — Deux tibias et tarses gauches de bœuf.

87-88. — Deux tibias de veau.

89-90. — Deux tibias de petit bœuf.

91. — Radius et cubitus gauches.

92-93-94. — Trois omoplates gauches de veaux de différentes tailles.

95. — Omoplate et humérus droits de veau.

96. — Sept vertèbres dorsales antérieures d'un bœuf de petite taille.

97. — Quartier composé de sept vertèbres dorsales antérieures de veau.

98-99. — Fragments de sternums.

100. — Dix côtes droites d'un petit bœuf.

101 à 109. — Neuf fragments de muscles divers.

110 à 113. — Débris d'étoffes noircies et décomposées.

114. — Partie antérieure d'une momie animale entourée d'étoffes goudronnées.

115. — Ossements humains brisés.

116. — Membre antérieur droit d'un jeune bœuf. (Omoplate, humérus, cubitus et radius.)

117-118-119. — Trois fémurs droits de bœufs, avec muscles incisés du côté antérieur.

120-121. — Deux fémurs gauches avec muscles non incisés.

122. — Membre antérieur droit de bœuf. (Omoplate, humérus, cubitus et radius).

123-124. — Deux radius et cubitus gauches de jeunes bœufs.

125-126. — Deux humérus gauches.

127 à 130. — Quatre omoplates de veaux et de bœufs.

131. — Tibia et tarse gauches de bœuf.

132. — Membre antérieur droit de veau. (Scapulum, humérus, cubitus, radius et os du carpe.)

133. — Tibia et tarse droits de jeune bœuf.

134. — Humérus gauche de petit bœuf.

135. — Sternum et cartilages costaux de jeune bœuf.

136. — Sternum et cartilages costaux de veau.

137. — Quartier composé de douze vertèbres dorsales de bœuf.

138. — Bloc composé de huit vertèbres dorsales de bœuf.

139. — Huit côtes droites de veau.

140-141. — Deux quartiers de foie.

142 à 149. — Huit fragments de muscles divers.

150 à 157. — Bandelettes de toile et d'étoffes diverses.

158-159. — Deux fémurs de bœuf avec muscles incisés du côté antérieur.

160. — Fémur droit de bœuf entouré de bandes de toile.

161. — Fémur gauche de bœuf avec muscles incisés du côté antérieur.

162-163-164. — Trois radius et cubitus de veaux de différentes tailles.

165-166. — Deux humérus gauches de veau.

167-168. — Tibia et tarses de bœuf.

169. — Sternum et cartilages costaux de veau.

170-171. — Deux fragments de muscles.

172. — Membre antérieur droit (omoplate, humérus, radius, cubitus et os du carpe), de veau
de grande taille.

173. — Membre antérieur droit de jeune veau.

174. — Tibia et tarse droits de bœuf.

175. — Radius et cubitus gauches de veau.

176. — Omoplate gauche de bœuf.

177. — Divers restes d'oiseaux. La peau et la chair sont en certaines parties encore intactes
autour des os. Sternum, humérus, tibia et fémur se rapportant à une oie de la taille
de l'*Anser albifrons*.

178. — Humérus gauche d'un petit bœuf ; les muscles sont incisés sur les faces antérieure et
postérieure.

179. — Fémur droit de bœuf.

180. — Quartier formé par huit côtes gauches.

181 à 185. — Fragments de muscles divers.

186. — Os calcinés de veau.

187-188. — Bandes de toile enroulées.

189-190-191-192. — Quatre tibias de bœuf.

193-194-195. — Trois radius et cubitus de bœuf.

196-197-198. — Humérus de jeunes bœufs.

199-200-201-202. — Quatre radius de jeunes bœufs.

203-204-205. — Trois scapulums de veau et de petits bœufs.

206. — Fémur droit de jeune bœuf.

207. — Humérus droit de petit bœuf.

208. — Deux vertèbres lombaire et sacrée entourées de muscles.

209. — Divers restes d'oiseaux, ossements avec chair et peau : fragment de bassin, sternum, os coracoïdiens, plusieurs humérus et fémurs se rapportant à une oie de la taille de l'*Anser albifrons*.

Cette importante série d'offrandes alimentaires a été retournée en totalité au musée du Caire, dans les vitrines duquel les principaux types sont exposés. Elle comprend plus de deux cents pièces composées exclusivement de quartiers de veau, de bœuf et de quelques fragments d'os et de chair d'oiseaux.

Les restes d'oiseaux, ossements et muscles plus ou moins brisés, appartiennent à une oie de la taille de l'*Anser albifrons*, Scop., l'espèce sauvage la plus commune de l'Égypte. Parmi ces restes on trouve des os de toutes les parties du squelette, à l'exception de la tête, du cou et des extrémités des ailes et des pattes.

Le bœuf et le veau ont fourni toutes les autres offrandes. Celles-ci se composent en général de blocs de chair et d'os, empruntés à presque toutes les régions du corps : colonne vertébrale, côtes et membres.

Un certain nombre de muscles ou fragments de muscles, environ cinquante, ont été préparés isolément, c'est-à-dire détachés des os préalablement à leur mise en conserve. Ce sont des quartiers de chair salée et desséchée, de 10 à 15 centimètres de longueur, portant le plus souvent la trace du lien qui a servi à les suspendre pendant la dessiccation.

Les parties le plus communément représentées, parmi les offrandes, proviennent surtout des membres. Ce sont par ordre d'importance : le tibia (21 pièces), le fémur (20 pièces), l'humérus (18 pièces), les cubitus et radius (18 pièces), enfin l'omoplate (14 pièces).

On trouve aussi des membres entiers, moins les extrémités, canons et phalanges. Ce sont des membres antérieurs (8 pièces) se rapportant à des veaux ou à de jeunes bœufs.

Le thorax, divisé en un certain nombre de blocs de vertèbres ou de côtes, a fourni également sa contribution. Nous avons reconnu onze sternums de veau ou de bœuf avec leurs cartilages costaux ; cinq portions composées chacune de quatre à huit côtes ; neuf quartiers de la colonne vertébrale, comprenant chacun cinq à huit vertèbres dorsales antérieures, avec leurs longues apophyses épineuses ; enfin, un seul bloc de six vertèbres lombaires en connexion.

La plupart des ossements examinés avec le plus grand soin proviennent, soit de très jeunes animaux, soit d'individus de deux à trois ans au plus. Presque tous présentent des épiphyses incomplètement soudées.

Comme on le voit par l'énumération précédente, les offrandes comprenaient des quartiers de très diverses régions. Les parties que nous n'avons pas trouvées représentées, par leurs os tout au moins, sont : la tête, le cou, la queue, le bassin et les extrémités des membres, métacarpiens, métatarsiens et phalanges.

Nous avons reconnu des fragments de muscles divers, des morceaux de rate et de foie, mais aucune trace de poumons ou du cœur n'a été remarquée.

Les muscles conservés séparés des os proviennent probablement de la face externe du bassin, de l'iliaque et de l'ischion.

Tous ces quartiers de boucherie se rapportent, dans leur ensemble, à un bœuf de petite taille. Les rayons osseux de membres des plus grands individus sont notablement plus courts que ceux de *Bos africanus*, momifié à Sakkara et Abousir. La généralité des ossements appartient à un bœuf de petite race, environ de la taille de celle de Syrie *(Bos brachyceros)*, dont les historiens ont signalé l'importation en Égypte depuis une époque assez ancienne.

On peut, en terminant, se demander si toute cette chair de bœuf, toutes ces conserves pharaoniques, étaient préparées spécialement en vue des offrandes à faire aux défunts, ou bien si elles constituaient d'abord des provisions de famille, sur lesquelles les Égyptiens prélevaient, à certaines époques de l'année, la part de leurs morts ? Mais nous touchons ici à une question du domaine de l'histoire. Peut-être les égyptologues pourront-ils, à l'aide des nombreuses inscriptions lapidaires ou des papyrus de la plus haute antiquité, nous renseigner sur ce point intéressant ?

NATRON ANTISEPTIQUE

SERVANT A L'EMBAUMEMENT DES CORPS ET A LA CONSERVATION DES OFFRANDES

Les momies animales ne sont pas toujours protégées contre le travail des microbes de la putréfaction par des couches plus ou moins épaisses de bitume appliqué à chaud. On se contentait souvent, de tremper pendant un certain nombre de semaines, les corps à conserver dans des solutions aqueuses antiseptiques formé par le Natron indigène, mélangé à de la résine provenant de conifères croissant en Syrie, ou d'essences diverses ne se rencontrant qu'en Abyssinie. Ces substances conservatrices ont été quelquefois déposées dans les tombes de grands personnages, ce qui nous a permis, avec l'aide de M. le professeur Hugounenq, d'en faire une analyse exacte [1].

En 1899, M. Loret faisant des fouilles dans la vallée de Bibân-el-Molouk, près de Thèbes, découvrit le tombeau inviolé d'un prince nommé *Maher-pra* qui devait probablement vivre sous le roi *Aménôthès III*. Cette tombe qui renfermait quantité d'objets intéressants, déposés aujourd'hui dans le musée du Caire, contenait encore dix grandes jarres bouchées avec soin, renfermant une matière pulvérulente jaunâtre qu'on soupçonnait être employée dans la momification des corps. L'analyse n'en avait pas été faite, aussi ignorait-on la composition de cette substance conservatrice employée pendant des siècles.

Grâce à la bienveillance de M. Maspero, nous avons pu l'étudier.

Le produit, non homogène, gris jaunâtre, avec des fragments plus colorés, présente à l'œil nu des débris végétaux (tiges brisées, radicelles), du sable, de l'argile et d'autres éléments non déterminables à simple vue.

On épuise 25 grammes de matière successivement : 1° par l'alcool à 90 degrés froid ; 2° par l'eau froide.

La matière abandonne à l'alcool une résine jaune brunâtre, manifestement altérée, mais encore odorante. Cette substance parait être un mélange de produits résineux parmi lesquels domine la myrrhe, qui entrait en même temps que d'autres ingrédients *(Cyperus rotundus, Calamus aromaticus)* dans la composition du *Kephi* ou *Kyphi*, parfum sacré que M. Loret a reconstitué.

L'eau laisse comme résidu insoluble du sable quartzeux et de l'argile mêlés à de la sciure de bois et à des fragments de végétaux. L'examen micrographique de ces éléments a montré que cette sciure provenait de conifères et aussi d'angiospermes ; les débris de tissus parenchymateux, gorgés d'amidon ont permis de déterminer la présence de fragments de rhizomes.

---

[1] Lortet et Hugounenq, Analyse du Natron contenu dans les urnes de Maher-Pra *(Comptes rendus de l'Académie des sciences,* 11 juillet 1904).

La solution aqueuse, fortement alcaline, a été analysée par les méthodes habituelles. Les résultats d'ensemble peuvent être exprimés comme suit :

Résine odorante	19,53	pour 100
Sciure de bois et débris organiques	3,68	—
Sable et argile.	12,44	—
Eau non dosée, pertes	9,52	—
Natron { Chlorure de sodium Na Cl	14,88	—
Sulfate de sodium $SO^4 Na^2$, 10 H^2O	22,90	—
Sesquicarbonate de sodium $CO^2 Na^2$, 2 CO^3 Na H, 3 H^2O	17,05	—

La matière trouvée dans les vases de Maher–Pra avait donc approximativement la composition que voici :

Matières résineuses et produits végétaux	25	pour 100
Sable et argile	15	—
Natron.	60	—

Le Natron avait la composition suivante :

Chlorure de sodium Na Cl.	27,13	pour 100
Sulfate de sodium $SO^4 Na^2$, 10 H^2O	41,76	—
Sesquicarbonate de soude $CO^2 Na^2$, 2 CO^3 Na H, 3 H^2O	31,09	—

En supposant les sels anhydres, on aurait :

Chlorure de sodium.	35,44	pour 100
Sulfate de sodium	15,93	—
Sesquicarbonate de sodium	48,61	—

La composition du natron est très variable. C'est ainsi que, pour un natron antique, trouvé à Gournah près de Thèbes, Lewin [1] a donné les résultats ci-dessous :

Chlorure de sodium	62,00	pour 100
Carbonate de sodium sec.	18,44	—
Sulfate de sodium anhydre	11,40	—

D'une analyse ancienne faite à l'Ecole des Mines [2], résulte la composition suivante, qui est celle d'un natron provenant de la Haute–Egypte :

Sesquicarbonate de sodium	28,35	pour 100
Sulfate de sodium.	11,29	—
Chlorure de sodium	51,66	—
Sable, chaux, oxyde de fer, etc	13,70	—

Les trois analyses ci–dessous appartiennent à Schweinfurth et Lewin [3]; elles ont trait à des produits récoltés dans le Wadi Natroun, en Basse–Egypte :

Carbonate de sodium	$85^g,86$	$80^g,56$	$87^g,98$
Chlorure de sodium	$7^g,00$	$10^g,40$	$4^g,00$
Sulfate de sodium	$1^g,20$	$3^g,72$	$0^g,59$

[1] Lewin, *Zeitschrift für egyptische Sprache*, etc., Leipzig, t. XXXV, anno 1897, p. 1120.
[2] *Description de l'Egypte*, t. XXI, p. 212.
[3] *Zeitschrift der Gesel. für Erdkunde zu Berlin*, t. XXXIII, p. 1898.

Ce n'est pas seulement l'origine et l'état de dessiccation qui fait varier la composition des natrons antiques, c'est encore le procédé employé pour le récolter. Suivant que la matière a été recueillie en plaques sur le bord des lacs, ou par le raclage des plantes qui poussent au bord des eaux salées (*Typha latifolia, Phragmites, Cyperus*, etc.), on avait un produit plus ou moins riche en carbonate alcalin. Peut-être le natron des vases de Maher-Pra avait-il été recueilli par raclage des plantes aquatiques, si l'on s'en rapporte à la présence de débris végétaux ayant des sections nettes.

Il a été facile de séparer la résine mêlée au natron, afin de la comparer aux produits analogues des droguiers de nos Facultés. Mais cette comparaison n'a pas permis de l'identifier d'une façon certaine. En tenant compte des modifications que le milieu et le temps ont dû apporter à l'odeur, on ne peut constater la présence d'un parfum unique. La résine paraît être un extrait (alcoolique peut-être) de diverses substances aromatiques, et non d'une seule. La myrrhe devait dominer dans ce mélange, mais accompagnée d'Oliban et de Bdellium. Les *Balsamodendron* et *Boswellia*, producteurs de ces gommes résines, vivent en Nubie, Abyssinie et Arabie Heureuse. Ils fournissent la myrrhe, si recherchée, dès la plus haute antiquité par les populations de l'Orient. M. le professeur Beauvisage a bien voulu examiner la sciure de bois qui se trouve mélangée au natron. Elle renferme des débris de tissus parenchymateux contenant de nombreux grains d'amidon appartenant certainement aux rhizomes odorants du *Cyperus rotundus*, qui se rencontre aujourd'hui encore en très grande abondance en Égypte et dans les contrées lybiques. La poudre odorante, renfermée dans les amphores de Maher-Pra, lorsqu'on la dissout dans de l'eau, colore en brun les morceaux de toile qu'on y plonge. Cette toile a alors la même coloration que les bandelettes qui entourent les momies. Lorsqu'elle est desséchée, elle présente une odeur et un aspect tout à fait caractéristiques, dû au dépôt du savon alcalin produit par la résine mélangée au natron.

RÉSINE TROUVÉE DANS UNE TOMBE SIMIENNE

(A GABANET-EL-GIROUD)

PRÈS DE THÈBES.

Dans une des tombes simiennes de la vallée appelée *Gabanet el Giroud*, nous avons trouvé une masse résineuse en forme de boule, de la grosseur du poing, entourée de bandelettes antiseptiques, colorées en brun. Il était intéressant de savoir exactement quelle était la nature, ainsi que la provenance de cette résine qui devait très certainement servir à la préparation de la poudre conservatrice dont nous avons donné plus haut la composition exacte.

M. le professeur Florence, de la Faculté de Lyon, a bien voulu en faire une analyse très soignée dont nous donnons ici les résultats :

A la cassure, on constate que la résine est jaune fauve, amorphe, non vitreuse, d'aspect un peu granitique, comme formée de grains réunis par un pétrissage plutôt que par fusion ; la cassure n'est vitreuse, comme celle de la colophane, que tout à fait sur les bords : l'odeur rappelle celle de la térébenthine commune ou de la poix de Bourgogne.

La densité de la résine, prise par la méthode du flacon, a donné le nombre de 1524, qui indique immédiatement un mélange. En effet, si on traite cette résine par de l'alcool, elle s'y dissout, en abandonnant du sable siliceux blanc, assez analogue à celui de Fontainebleau, et dont il est impossible de soupçonner la présence à l'œil nu, ni même à la loupe.

La quantité de sable contenu dans 100 parties de cette résine a varié suivant les points où les prises ont été faites, de 38,07 à 45,78 pour 100.

L'examen microscopique de ce sable, qui est purement siliceux et insoluble dans l'eau régale, a démontré qu'il est formé d'éclats fins, à cassure conchoïdale, sans traces d'usure comme en présente celui qu'on trouve dans les Natrons.

Les substances végétales qui sont mêlées à ce sable n'ont rien offert d'intéressant à noter ; pas de traces de graisses, de pollen ou de spores d'aucune sorte.

En évaporant l'alcool, il reste une résine pure, à odeur nette et franche de poix blanche, et ayant tout à fait l'aspect d'une colophane commune ; sa densité est alors de 1.099 ; traitée par la chaleur, elle commence à adhérer entre 80 et 85, est molle entre 100 et 102 ; en fusion pâteuse à 107, et en pleine fusion à 160 degrés.

L'indice d'acidité de cette résine purifiée est très faible 42,07
L'indice saponique (Koethtorfer) 56
L'indice d'éthérification. 13,93
L'indice d'iode (Hübl) 845

L'indice d'iode ne donne des résultats comparables que si on laisse la résine pendant plusieurs jours avec un grand excès de liqueur iodomercurique, à l'obscurité.

La résine purifiée à l'alcool ne laisse à l'incinération que des traces de cendres : elle n'est donc pas un résinate insoluble dans l'eau, comme son faible indice d'acidité aurait pu le faire supposer.

Cette résine est donc une colophane commune, provenant d'un conifère, *Pinus cedrus, Pinus pinea, Pinus halepensis ;* son odeur ne rappelle en rien les thérébentines dites fines, comme le citriodore, ou celles qu'on appelait jadis, baumes de la Mecque, de Judée, de Chio, etc.

Pour arriver à fixer rigoureusement son origine, il nous eût suffi, les constantes étant établies, d'avoir des résines d'origine certaine à titre de comparaison. Nous n'en possédons malheureusement pas, sauf de la résine de pin d'Alep, que nous devons à l'obligeance de M. le professeur Heckel, et dont l'origine dès lors est indiscutable. Elle nous est arrivée sous forme de galipot, c'est-à-dire en larmes écoulées spontanément de l'arbre, contenant par conséquent de l'eau, de l'essence et des impuretés. Nous avons dissous ce produit dans l'alcool, et, après filtration et évaporation poussée jusqu'à disparition totale de l'essence, nous avons obtenu une colophane qui avait de prime abord, comme aspect, couleur, odeur, transparence, absolument les caractères de la résine égyptienne traitée de même.

Mais là s'est arrêtée la similitude, ainsi qu'on le voit par ce tableau où nous opposons les constantes physiques de l'une et de l'autre résine.

	RÉSINE D'ÉGYPTE (*Lortet*)	RÉSINE DU PIN D'ALEP (*Heckel*)
Densité	1,099	1,147
Indice d'acidité	42,07	141
Indice saponique	56	188
Indice éthérification	13,93	47
Indice d'iode	845	972,5

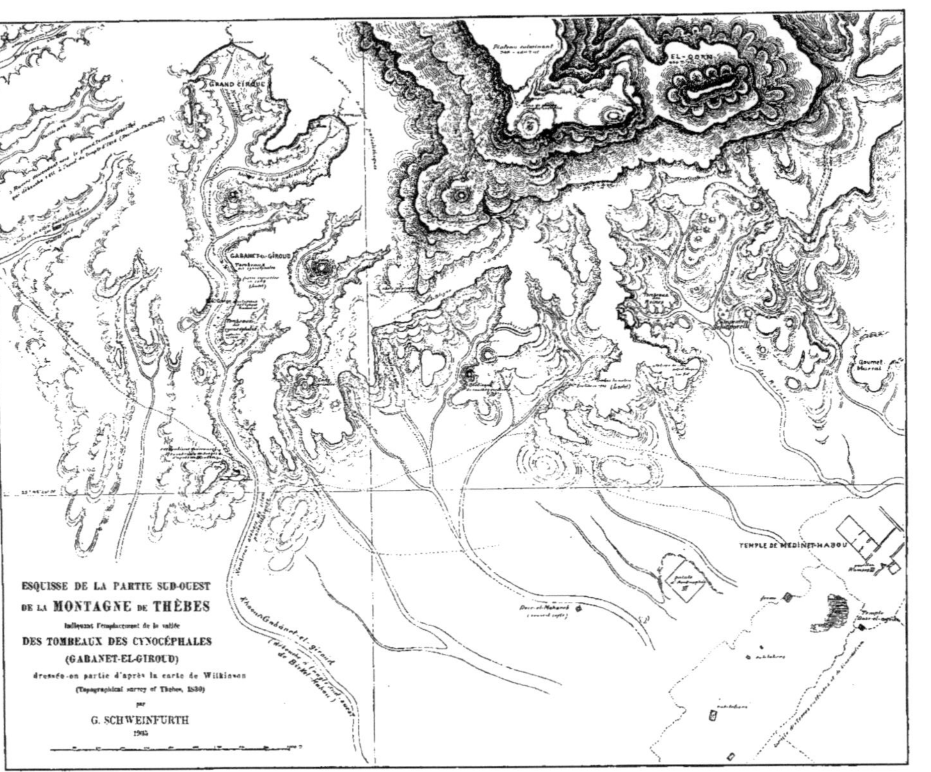
GRAND CIRQUE
Plateau culminant
EL-QORN
GABANET-el-GIROUD
Gournet Mourraï
TEMPLE DE MEDINET-HABOU
Deer-el-Medineh
ESQUISSE DE LA PARTIE SUD-OUEST
DE LA MONTAGNE DE THÈBES
Indiquant l'emplacement de la vallée
DES TOMBEAUX DES CYNOCÉPHALES
(GABANET-EL-GIROUD)
dressée en partie d'après la carte de Wilkinson
(Topographical survey of Thèbes, 1830)
par
G. SCHWEINFURTH
1905

Les écarts sont trop grands pour qu'on puisse les attribuer à des transformations qui se seraient produites, dans la résine d'Egypte, pendant le cours des siècles, les colophanes ne se modifiant guère par le temps. Mais la résine de M. Heckel provient du midi de la France, et non du pays d'où est venue celle de la vallée des Singes. On peut admettre des variations dans les indices, mais il ne nous semble pas possible que les indices d'acidité et saponique puissent varier sous l'influence du climat en de telles proportions. La résine d'Egypte ne provient donc probablement pas du pin d'Alep.

Pourquoi dans cette résine y avait-il tant de sable, si adroitement masqué, qu'il a fallu l'analyser pour le déceler; l'incorporation de ce sable n'a pu se faire que par un pétrissage prolongé de la masse résineuse amollie par une douce chaleur, et le soin qui a été pris de fondre la périphérie de la boule pour lui donner l'aspect vitreux d'une belle colophane, semble bien indiquer qu'il y a eu là une adroite supercherie.

Dans l'antiquité, la résine du pin d'Alep était fort en usage ; elle entrait dans le vernis des sarcophages en bois, et devait être d'un prix peu élevé. Celle qui provient de la vallée des Singes était falsifiée avec une rare habileté : elle était donc peut-être très coûteuse, et devait probablement venir d'une contrée lointaine, d'Abyssinie par exemple.

Nous ferons remarquer que le sable siliceux fin, qui est mélangé à cette résine, ressemble entièrement à celui que renferment en très grande quantité les sacs remplis de grains d'orge, destinés à servir de nourriture aux Cynocéphales et Cercopithèques momifiés.

TABLE GÉNÉRALE DES GRAVURES

PREMIÈRE SÉRIE

DEUXIÈME SÉRIE

LISTE DES PLANCHES ET CARTE

TABLE GÉNÉRALE DES MATIÈRES

PREMIÈRE SÉRIE

DEUXIÈME SÉRIE

Lyon. — Imprimerie A. Rey, 4, rue Gentil. — 33465

LA FAUNE MOMIFIÉE

DE

L'ANCIENNE ÉGYPTE

Lyon. — Imprimerie A. REY, 4, rue Gentil. — 28112

LA

FAUNE MOMIFIÉE

DE

L'ANCIENNE ÉGYPTE

PAR

LE DR LORTET
DOYEN DE LA FACULTÉ DE MÉDECINE DE LYON
CORRESPONDANT DE L'INSTITUT

M. C. GAILLARD
CHEF DES TRAVAUX AU MUSÉUM
DE LYON

PREMIÈRE SÉRIE

LYON

HENRI GEORG, ÉDITEUR
LIBRAIRE DE LA FACULTÉ DE MÉDECINE ET DE LA FACULTÉ DE DROIT
36-38, PASSAGE DE L'HÔTEL-DIEU, 36-38
MAISONS A GENÈVE ET A BALE
1903

ARCHIVES DU MUSÉUM D'HISTOIRE NATURELLE
DE LYON

SOMMAIRES DES VOLUMES EN VENTE

TOME PREMIER

Station préhistorique de Solutré, par MM. Ducrost et Lortet. — Brèches osseuses des environs de Bastia (Corse), par M. Locard. — *Lagomys corsicanus* de Bastia, par M. Lortet. — Études paléontologiques dans le bassin du Rhône. Période quaternaire, par MM. Lortet et Chantre. — Végétaux fossiles de Meximieux, par MM. Saporta et Marion. — Quelques coupes des terrains tertiaires et quaternaires du bassin du Rhône, par M. Falsan. — Description des Planches.

TOME SECOND

Description de la faune de la mollasse marine et d'eau douce du Lyonnais et du Dauphiné, par M. Locard. — Recherches sur les mastodontes et les faunes mammalogiques qui les accompagnent, par MM. Lortet et Chantre.

TOME TROISIÈME

Notes sur quelques mammifères fossiles de l'époque pliocène, par M. Filhol, avec six planches. — Poissons et reptiles du lac de Tibériade, avec treize planches, par M. L. Lortet. — Malacologie des lacs de Tibériade, d'Antioche et d'Homs, par M. A. Locard, avec cinq planches.

TOME QUATRIÈME

Observations sur les Tortues terrestres et paludines du bassin de la Méditerranée, par M. le Dr Lortet. — Les terrains tertiaires et quaternaires du promontoire de la Croix-Rousse, par M. Fontannes. — Recherches sur la succession des faunes de Vertébrés miocènes de la vallée du Rhône, par M. Charles Depéret. — Note sur le *Rhyzoprion bariensis* de Jourdan, par le Dr Lortet. — Faune malacologique des terrains néogènes de la Roumanie, par M. Fontannes.

TOME CINQUIÈME

Les Reptiles fossiles du bassin du Rhône, par le Dr Lortet. — La faune des mammifères miocènes de la Grive-Saint-Alban (Isère) et de quelques autres localités du bassin du Rhône. — Documents nouveaux et révision générale, par le Dr Ch. Depéret. — Contribution à l'étude des Céphalopodes crétacés du Sud-Est de la France, par MM. Sayn et Kilian. — Sur quelques Ammonitides, par M. Kilian.

TOME SIXIÈME

Recherches anthropologiques dans l'Asie occidentale. Missions scientifiques en Transcaucasie, Asie Mineure et Syrie, 1890 à 1894 (avec 43 planches), par M. Ernest Chantre. — Note sur quelques espèces de Cyprinodons de l'Asie Mineure et de la Syrie (avec 12 figures dans le texte), par M. Claudius Gaillard. — Le Rhinocéros de Dusino (*Rhinoceros Etruscus*) (avec 4 planches), par M. Frédéric Sacco. — Étude sur quelques Echinodermes de Cirin (avec une planche et une figure), par M. de Loriol.

TOME SEPTIÈME

Conchyliologie portugaise : les coquilles terrestres des eaux douces et saumâtres, par M. A. Locard. — Mammifères miocènes nouveaux ou peu connus de la Grive-Saint-Alban (Isère), par M. Cl. Gaillard.

TOME HUITIÈME

Recherches anatomiques sur les Camélidés : anatomie du chameau à deux bosses ; différences entre les deux espèces de chameaux ; différences entre les chameaux et les lamas, par M. F.-X. Lesbre. — La Faune Momifiée de l'ancienne Egypte (première série), par MM. le Dr Lortet et C. Gaillard.

Lyon. — Imprimerie A. Rey, 4, rue Gentil. — 3365

LA
FAUNE MOMIFIÉE
DE
L'ANCIENNE ÉGYPTE

PAR

LE Dʳ LORTET
DOYEN DE LA FACULTÉ DE MÉDECINE DE LYON
CORRESPONDANT DE L'INSTITUT

M. C. GAILLARD
CHEF DES TRAVAUX AU MUSÉUM
DE LYON

PREMIÈRE SÉRIE

LYON

HENRI GEORG, ÉDITEUR

LIBRAIRE DE LA FACULTÉ DE MÉDECINE ET DE LA FACULTÉ DE DROIT

36-38, PASSAGE DE L'HÔTEL-DIEU, 36-38

MAISONS A GENÈVE ET A BALE

1903

ARCHIVES DU MUSÉUM D'HISTOIRE NATURELLE

DE LYON

SOMMAIRES DES VOLUMES EN VENTE

TOME PREMIER

Station préhistorique de Solutré, par DUCROST et LORTET. — Brèches osseuses des environs de Bastia (Corse), par LOCARD. — Lagomys corsicanus de Bastia, par LORTET. — Études paléontologiques dans le bassin du Rhône. Période quaternaire, par LORTET et CHANTRE. — Végétaux fossiles de Méximieux, par SAPORTA et MARION. — Quelques coupes des terrains tertiaires et quaternaires du bassin du Rhône, par FALSAN. — Description des Planches.

TOME SECOND

Description de la faune de la mollasse marine et d'eau douce du Lyonnais et du Dauphiné, par LOCARD. — Recherches sur les mastodontes et les faunes mammalogiques qui les accompagnent, par LORTET et CHANTRE.

TOME TROISIÈME

Notes sur quelques mammifères fossiles de l'époque pliocène, par M. TRUTAT, avec six planches. — Poissons et reptiles du lac de Tibériade, avec treize planches, par M. L. LORTET. — Malacologie des lacs de Tibériade, d'Antioche et d'Homs, par M. A. LOCARD, avec cinq planches.

TOME QUATRIÈME

Observations sur les Tortues terrestres et paludines du bassin de la Méditerranée, par M. le Dr LORTET. — Les terrains tertiaires et quaternaires du promontoire de la Croix-Rousse, par M. FONTANNES. — Recherches sur la succession des faunes de Vertébrés miocènes de la vallée du Rhône, par M. Charles DEPÉRET. — Note sur le *Bos opisthonomus bariensis* de Jourdan, par le Dr LORTET. — Faune malacologique des terrains néogènes de la Roumanie, par M. FONTANNES.

TOME CINQUIÈME

Les Reptiles fossiles du bassin du Rhône, par le Dr LORTET. — La faune des mammifères miocènes de la Grive-Saint-Alban (Isère) et de quelques autres localités du bassin du Rhône. — Documents nouveaux et révision générale, par le D^r Ch. DEPÉRET. — Contribution à l'étude des Céphalopodes crétacés du Sud-Est de la France, par MM. SAYN et KILIAN. — Sur quelques Ammonitides, par M. KILIAN.

TOME SIXIÈME

Recherches anthropologiques dans l'Asie occidentale. Missions scientifiques en Transcaucasie, Asie Mineure et Syrie, 1890 à 1894 (avec 45 planches), par Ernest CHANTRE. — Note sur quelques espèces de Cyprinodons de l'Asie Mineure et de la Syrie (avec 12 figures dans le texte), par Claudius GAILLARD. — Le Rhinocéros de Dusino (*Rhinoceros Etruscus*) (avec 4 planches), par M. Frédéric SACCO. — Étude sur quelques Echinodermes de Cirin (avec une planche et une figure), par M. de LORIOL.

TOME SEPTIÈME

Conchyliologie portugaise. — Les coquilles terrestres des eaux douces et saumâtres, par M. A. LOCARD. — Mammifères miocènes nouveaux ou peu connus de la Grive Saint-Alban (Isère), par M. Cl. GAILLARD.

Lyon. — Imprimerie A. REY, 4, rue Gentil. — 28142

LA
FAUNE MOMIFIÉE
DE
L'ANCIENNE ÉGYPTE

PAR

Le D' LORTET
DOYEN DE LA FACULTÉ DE MÉDECINE DE LYON
CORRESPONDANT DE L'INSTITUT

M. C. GAILLARD
CHEF DES TRAVAUX AU MUSÉUM
DE LYON

*Préface de M. V. LORET, Chargé du Cours d'Egyptologie
à l'Université de Lyon*

DEUXIÈME SÉRIE

LYON

HENRI GEORG, ÉDITEUR
LIBRAIRE DE LA FACULTÉ DE MÉDECINE ET DE LA FACULTÉ DE DROIT
36-38, PASSAGE DE L'HÔTEL-DIEU, 36-38
MAISONS A GENÈVE ET A BALE
1905

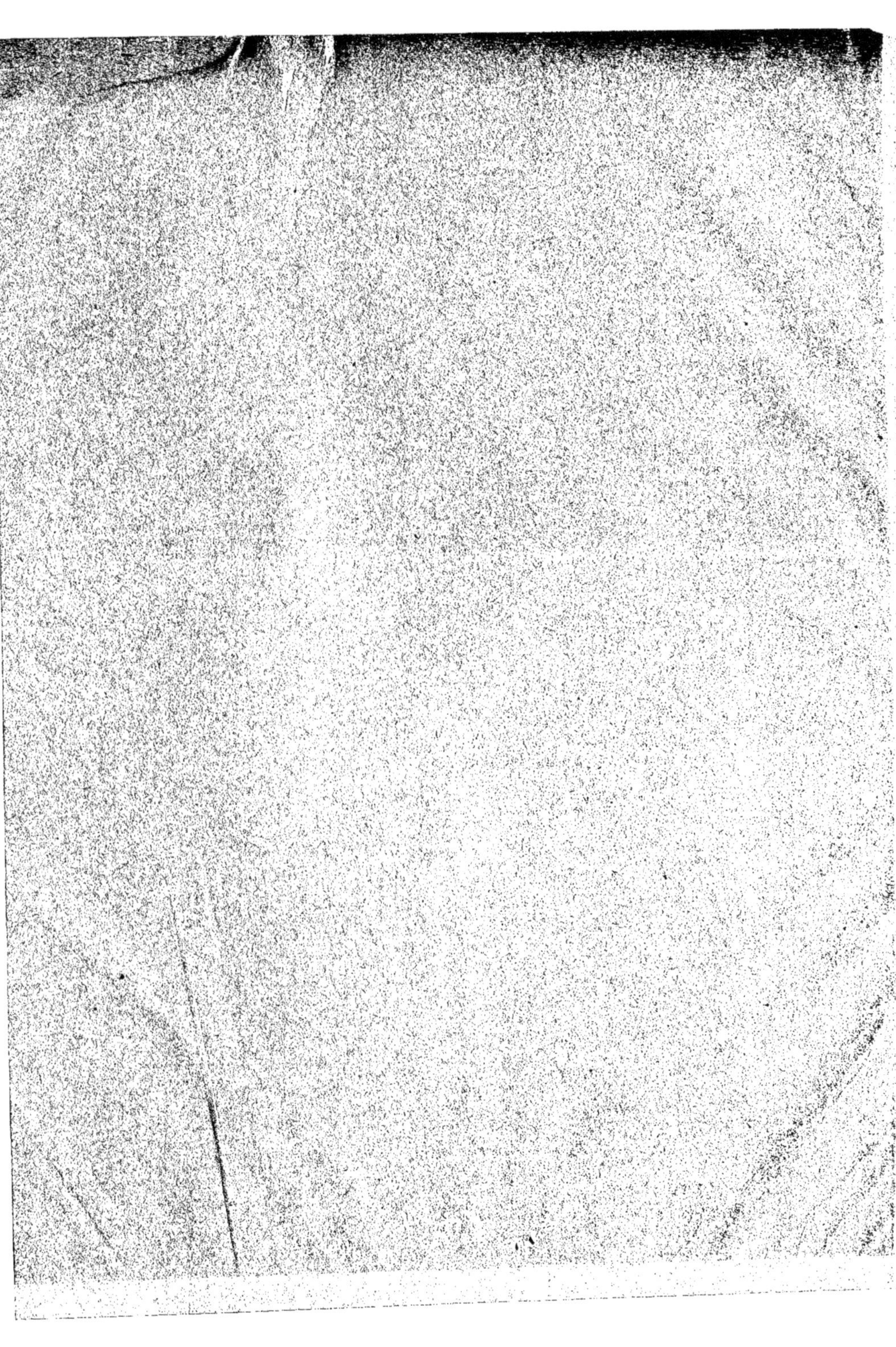

ARCHIVES DU MUSÉUM D'HISTOIRE NATURELLE
DE LYON

SOMMAIRES DES VOLUMES EN VENTE

TOME PREMIER

TOME SECOND

TOME TROISIÈME

TOME QUATRIÈME

TOME CINQUIÈME

TOME SIXIÈME

TOME SEPTIÈME

TOME HUITIÈME

Lyon. — Imprimerie A. Rey, 4, rue Gentil. — 83465